KB244883

두부

냉 장 고 속 재 료 활 용 교 과 서

이지 쿠킹

두부

용동희 지음

PROLOGUE

항상 지저분한 우리 집 냉장고.
알뜰하게 장 보고 들어왔는데 이상하게 냉장고에서 자꾸 발견되는 같은 재료들.
할 수 없이 쟁여두고 또 쟁여두다 보니 어느새 꽉 차서 우유 넣을 작은 공간조차 찾기 힘들지요.
친구나 동네 아줌마나 혹은 시어머니께서 불시에 들이닥쳐 열어보지는 않을지.
걱정은 되는데 버리자니 다 먹을 수 있는 거라 아깝고,
제대로 된 요리를 만들자니 턱없이 부족한 재료들.
이러다 배보다 배꼽이 더 커질 것만 같은 불길한 예감이 듭니다.
그렇다면 우리 집에 있는 소량의 재료만으로 만들 수 있는 요리는 없을까요?

「이지 쿠킹 시리즈」는 주부들의 이런 고민을 말끔하게 해결해주기 위해 탄생했습니다.
요리 초보도 따라할 수 있는 간단·명료한 레시피!
아이와 남편을 위한 맛있고 푸짐한 일상 요리로도 부담 없고,
게다가 영양도 만점이라니~!
무엇보다도 냉장고 속 남은 재료들을 활용할 수 있다는 장점까지?
이 책 한 권이면 오늘 우리 집 냉장고가 숨을 쉽니다!!

지금부터 냉장고 숨통 트이게 하는
이지 쿠킹 시리즈 그 첫 번째 재료,
'두부'로 만든 요리를 만나봅니다.

「이지 쿠킹 시리즈」를 보는 방법

냉장고 속 숨은 재료들을 찾아 맛있는 요리로 변신시킬 수 있도록 도와줍니다.
모든 재료는 어디서나 구할 수 있는 것들로 쉽고 간단한 과정을 거치면 누구나 요리사가 될 수 있습니다.
이지 쿠킹 시리즈의 첫 번째 주인공은 두부입니다.
지금부터 두부를 사용해 만들 수 있는 다양하고 푸짐한 상차림 요리 레시피를 공개합니다.

책에 소개되는 요리는 다음과 같이 분류됩니다.

ONE	두부만으로도 가능한 요리
ONE + ONE	두부와 1가지 재료만 있으면 가능한 요리
ONE + TWO	두부와 2가지 재료만 있으면 가능한 요리
ONE + THREE	두부와 3가지 재료만 있으면 가능한 요리
AND...	두부로 만든 간식

- 누구나 냉장고에 상비해 놓을 법한 양파, 대파, 다진 마늘, 갖은 양념류, 다시용 멸치, 다시마, 밥은 있다고 가정하였습니다.

- 사람마다 입맛이 다르니 부족하다면 소금, 후추로 나머지 간을 보충하도록 합니다.

- 계량스푼과 계량컵을 사용해 요리하였습니다.

- 국물류의 경우 재료 소개에서 물의 양은 생략하였지만 레시피 안에는 따로 기입하였습니다.

- 보통 밥류는 1인분 기준이며, 국물류와 요리류는 2인분을 기준으로 하였습니다.

- 레시피 내 오일은 식용유, 올리브오일, 포도씨오일, 카놀라유, 현미유 등 어느 것을 사용하여도 좋습니다.

메인 재료인 두부와 함께
요리에 쓰일 2가지 재료를 표시합니다.

두부와 오징어, 부추로 만든 3가지 요리 전체 사진입니다.

요리에 필요한 재료를 표시합니다.

메인 재료와 챕터의 부재료로 만든 요리의 이름입니다.
대표 재료에는 컬러로 포인트를 줬습니다.

요리 과정에서 주의
할 점이나 알아두면
편리한 다양한 팁을
제시합니다.

요리 과정이 다소 복잡한 것은
진행과정 사진으로 쉽게 설명합니다.

Contents

Intro

두부, 너는 누구?

Part 1

두부 하나만 있으면 완성!

두부강정

32

두부조림

34

두부전

35

두부콩국수

36

아게도후

38

두부날치알샐러드

39

두부과자

40

두부가스

42

탕수두부

43

두부에 두 가지 재료만 더하면 완성!

intro

두부, 너는 누구?

두부의 종류

두부는 응고 후 처리과정,
즉 가열 시간이나 응고제, 굳히는 방법에 따라 종류를 나눌 수 있어요!

경두부란

끓인 두유에 응고제(간수)를 넣고 두부 틀에서 물기를 빼면서 굳히는 두부를 말합니다. 두부 종류 중 고형분 함량이 12% 이상으로 콩의 사용량이 가장 많으며, 굳히는 정도에 따라 부침용과 국·찌개용으로 나뉘게 됩니다.

생두부란

일명 생식용 두부라고도 불리는데, 끓인 두유에 응고제(간수)를 넣은 후 압착하는 과정 없이 굳히는 두부를 말합니다. 두부 표면이 매우 매끄럽고 부드럽기 때문에 별도의 조리과정을 생략하고, 양념과 함께 먹거나 샐러드에 활용하면 좋습니다.

순두부란

응고제(간수)를 넣은 뒤 멍울진 것을 굳히지 않고 완성한 두부입니다. 연두부와 마찬가지로 고형분 함량이 6% 이상이지요. 두부 중에서 수분 함량이 가장 높고, 질감은 부드러우며 두부의 맛과 향이 그대로 살아있습니다. 개봉한 후에 바로 먹는 것을 추천합니다.

비지란

두유를 만들 때 보통 콩을 갈아 면보에 거르게 되는데, 이때 걸러지지 않고 면보 위에 남아 있는 것을 말합니다. 두부와 달리 익힌 제품이 아니므로 찌개용이나 부침용으로 사용하는 것이 좋습니다.

연두부란

응고제(간수)를 넣고 따로 굳히지 않은 채 용기에 넣어 찐 두부를 말합니다. 고형분 함량이 6% 이상으로 맛은 담백하고 조직이 균일하며, 표면은 매끄러워 이유식이나 샐러드처럼 가볍게 조리해 먹는 요리에 잘 어울립니다.

우리 가족 입으로 들어가는 건데, 좀 더 까칠하게 따져봐야죠!
건강한 두부를 고르는 노하우

CHECK 01 국산 콩으로 만들었나요?
GMO(유전자변형농산물) 콩이나 수입 콩으로 만든 것에 거부감이 있다면, 국산 콩 100%인지를 확인하면 좋겠죠? 포장용기의 원산지 표기를 꼭 확인하세요.

CHECK 02 어떤 종류의 콩인가요?
유기농 두부라고 표기가 되어 있다면 100% 유기농 콩 두부를 의미합니다. 발아콩 두부라고 표기가 되어 있다면 발아시킨 콩으로 만든 두부입니다. 발아에 있는 유리당과 유리아미노산이 고소한 맛은 물론 영양까지 더해줍니다.

CHECK 03 유통기한은 확인하셨나요?
두부는 상하기 쉬운 재료입니다. 구입할 때 3~4일 여유가 있는지 확인하고, 꼭 냉장 보관 하세요. 이때 두부를 물에 푹 잠기도록 하고 밀폐용기에 넣은 채 보관해야 합니다. 매일 물을 갈아준다면 더 오랫동안 보관할 수 있습니다.

CHECK 04 인공첨가물은 확인했나요?
소포제, 유화제, 화학응고제 같은 인공적인 첨가물이 들어있는지 확인해보세요. 이는 포장용기에서 쉽게 확인할 수 있습니다.

두부를 오랫동안 신선하게 먹고 싶어요!
현명한 주부의 두부 보관법

CHECK 01 보관은 철저하게!
두부에는 수분이 많아 쉽게 상할 수 있습니다. 두부를 물에 담가 보관해야 수분과 고소한 맛을 유지할 수 있지요. 보관용기에 두부가 잠길 만큼의 찬물을 붓고, 비닐 랩으로 단단히 덮은 후 냉장고에 넣어 보관하세요. 소금을 약간 넣은 물에 두부를 살짝 데친 후, 식힌 상태에서 찬물에 담가 냉장고에 보관하면 두부를 좀 더 오래 보관할 수 있답니다.

CHECK 02 두부를 냉동 보관 한다고?
두부의 부드러움과 고소함을 맛보려면 물론 냉장 보관하거나 단시간에 먹는 것이 가장 좋지만, 양이 너무 많을 경우에는 냉동실에 보관하는 수밖에 없습니다. 냉동 보관 할 때는 두부를 사각썰기 한 상태로 넣으세요. 그리고 먹기 전 해동시키면 수분이 많이 빠져나가 쫄깃한 식감을 더해주지요. 무엇보다도 수분이 많이 제거된 상태이므로 튀김, 두부소보로, 볶음 요리 등에 사용하면 더없이 좋습니다.

사각썰기 한 두부를 바로 비닐에 넣어 냉동 보관하면 해동할 때 두부의 결이 부서지기 쉽고, 사용할 때 필요한 양만큼 분리하기가 어려워진다.

두부 냉동 보관법

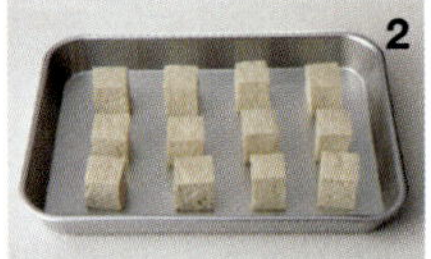

1 두부를 원하는 사이즈로 사각썰기 한다.
2 쟁반 위에 간격을 두고 나열한 뒤, 그대로 1시간 이상 얼린다.
3 비닐 팩에 옮겨 담는다.
4 필요한 만큼의 두부만 꺼내 해동시킨 다음, 물기를 제거해 사용한다.

냉동 두부를 해동시켰을 때의 질감 상태

BASIC 02
두부가 몸에 좋은 이유

두부는 맛있어서 먹기도 하지만 그에 못지 않게 엄청난 영양분을 가지고 있다는 사실을 알고 계신가요?
알고 먹으면 더 맛있는 두부 속 숨은 영양소를 공개합니다.

1 콩은 100g당 36g의 단백질을 함유하고 있어요. 두부는 바로 이 콩으로 만든 식품이죠. 이 식물성 단백질은 혈중 콜레스테롤을 낮춰주는 역할을 하며, 뼈에서 칼슘이 빠져 나가는 것을 방지해줍니다. 또 콩에 포함된 펩티드 성분은 기초 대사량의 저하를 막아주며, 다이어트 시 요요현상을 방지해줍니다.

2 대두(大豆)에 들어있는 레시틴은 체지방과 콜레스테롤, 중성지방을 줄여주는 역할을 합니다. 세포를 젊게 유지시켜주며 동맥경화 예방에도 탁월하답니다.

3 두부에는 칼슘과 철분이 풍부하기 때문에 꾸준히 먹으면 골다공증이나 빈혈을 예방할 수 있어요. 특히 여성들에게 좋은 식품이죠.

4 두부에 포함된 식이섬유, 올리고당, 수분은 장의 움직임을 활성화시키고 소화흡수를 도와줍니다. 그 중에서도 올리고당은 비피더스균의 먹이가 되어 장 환경을 개선시켜주는 역할을 한답니다.

5 두부에 포함된 이소플라본은 피부를 탱탱하게 해주고 머리카락에 윤기를 주며, 갱년기 증상 완화, 골다공증 예방, 노화방지에도 좋습니다.

6 두부에 포함된 비타민B_1은 신체대사를 촉진시켜주며 노화로 인한 피부 트러블을 방지해주고, 기미나 주근깨 감소에도 효과적입니다.

7 두부에 포함된 사포닌 성분은 유해 성분이 체내에 접촉하는 시간을 단축해주는 역할을 할 뿐만 아니라 나쁜 물질들을 흡착시켜 독성을 줄여줍니다. 또한 콜레스테롤의 흡수를 저해하고 배출을 돕기도 하지요.

두부와 궁합이 잘 맞는 음식

그냥 먹어도 맛있는 두부지만 같이 먹으면 그 맛과 영양이 2배 이상 높아지는 재료들이 몇 가지 있어요.
기억해두었다가 두부 요리에 함께 곁들여 내보세요.

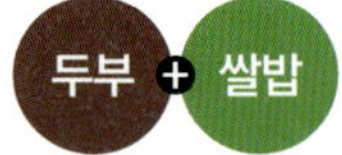

두부에는 필수 아미노산인 리신이 많고 메치오닌은 적은 편인데 반해 쌀에는 리신이 적고 메치오닌이 많이 들어있습니다. 이 두 가지를 결합하면 영양성분이 잘 들어 맞게 되겠죠?

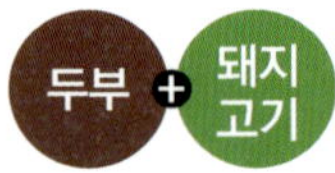

두부는 돼지고기의 콜레스테롤 수치를 낮춰줍니다. 콩비지찌개를 끓일 때 돼지고기를 넣게 되는 것도 이런 까닭입니다.

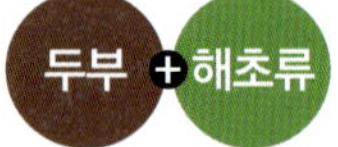

두부의 사포닌 성분은 항암효과가 있고 몸에 해로운 과산화지방의 생성을 막아주는 고마운 음식이지만 체내에서 요오드 배출을 촉진시킵니다. 때문에 부족한 요오드의 체내 균형을 맞추기 위해서는 다시마나 미역과 같은 해초류를 곁들이는 것이 좋습니다.

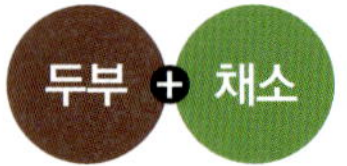

두부에는 비타민C가 포함되어 있지 않습니다. 그러니 비타민C가 풍부한 채소와 함께 먹으면 더할 나위 없이 좋겠죠. 예를 들면 샐러드에 두부를 넣는 것처럼요.

앗! 두부와 같이 먹으면 안돼요.
시금치의 옥살산과 두부의 칼슘이 만나면 수산칼슘이 만들어집니다. 이것은 체내의 칼슘 수치를 저하시키며, 이런 이유로 결석이 생기기도 하므로 시금치과 두부는 그리 좋은 궁합이 아닙니다.

BASIC 04
참 쉬운 계량법

이지 쿠킹의 비법이자, 누구나 알지만 지키기 어려운 사실은 바로 '계량을 철저히 하자!'랍니다.
일반 밥숟가락으로 계량해도 상관은 없어요. 하지만 초보자라면 먼저 재료를 주어진 양만큼 사용해
요리를 해보는 것이 좋아요. 계량법에 어느 정도 숙달이 되어 1큰술인지, 1작은술인지
눈대중으로도 가늠할 수 있을 때면, 일반 밥숟가락만으로도 거뜬하답니다!

만약 당신이
"요리에 자신이 없어요."
혹은
"책에 나온 요리와 똑같은 맛을 내고 싶어요."
라고 외치고 있다면

우선 계량부터 꼼꼼히 챙기세요!!

1큰술

숟가락 1⅓=계량스푼 1큰술= 15cc(ml)

1작은술

숟가락 ½=계량스푼 1작은술=5cc(ml)

1컵

종이컵 1=계량컵 1컵=200cc(ml)

계량컵과 계량스푼으로 측정되는 기준량을 일반 밥숟가락, 일반 종이
컵으로 옮겨 담아 비교해보았습니다. 우선 계량스푼 1큰술은 15cc(ml)
이고 일반 밥숟가락으로 퍼서 위를 평평하게 만들었을 때 양은 보통
10~12cc(ml)입니다. 그러니 계량스푼 없이 밥숟가락으로 1큰술을 뜨려
면 약간 소복하게 담거나 한 스푼을 떠 옮기고, 한 번 더 아주 소량(⅓)
을 떠 더해주면 됩니다. 계량컵의 경우는 한 컵을 담았을 때 15cc(ml).
이는 일반 종이컵 1컵의 표면을 평평하게 깎아 담았을 때와 같습니다.

이때 숟가락과 종이컵의
윗면을 평평하게 만들어
계량해야 한다는 점! 꼭
명심하세요!

집에서 만드는 두부 기본편/응용편

마트에서 사먹기만 했던 두부를 집에서도 만들 수 있다는 사실, 믿어지시나요?

물론 약간의 노력과 꽤 많은 시간을 들여야 하지만요. 콩을 불리고 끓이고 가는 작업은 번거롭지만 가족의 건강을 위해

내 손으로 맛있는 두부를 만들 수 있다면 얼마나 좋을까요? 집에서 만드는 두부, 기본편에서는

말 그대로 가장 기본인 흰 두부 만드는 과정을 알아볼 거예요. 자세한 설명과 사진대로 차근차근 따라오다 보면

어느새 따끈따끈하고 맛있는 두부가 완성될 거예요. 흰 두부 만들기가 어느 정도 숙달 되었다면

다음에는 색다른 재료를 첨가해보세요. 책에서는 4가지 재료를 소개하고 있지만 각자의 취향에 따라

재료를 섞으면 얼마든지 다양하고 맛있는 두부를 만들어 볼 수 있습니다.

*두부 1모를 만들 수 있는 재료의 양을 표시했습니다.

 흰 두부 만들기

🍲 READY

대두 … 300g(불린 콩 600g)

물 … 10컵

두부 응고제 … 9g

소금 … 1작은술

🍳 HOW TO MAKE

1 백태(흰콩, 메주콩)를 구입해 벌레 먹은 콩이나 부서진 콩 등을 골라 낸다.

2 흐르는 물에 2~3회 정도 문질러 씻은 후 물에 담가 봄 · 가을에는 8시간, 여름은 7시간, 겨울에는 12시간 이상을 불린다. 보통 만들기 전날 밤에 물에 담갔다 아침에 만들면 충분하다. 콩은 물에 불면 원래 크기의 2배 정도가 된다.

3 불린 콩은 손바닥으로 살살 비벼 껍질을 벗겨낸다. 물 위에 뜬 껍질을 흘러 보내는 과정을 반복하다 보면 콩 껍질이 깨끗이 제거된다.

4 믹서에 불린 콩과 물 9컵을 넣은 뒤, 굵은 입자가 사라질 때까지 부드럽게 갈아준다.

5 믹서에 간 콩은 촘촘한 면보 위에 붓고 꾹꾹 눌러가며 물기를 짠다. 이때, 면보 위에 남은 건더기가 바로 비지이고 그 밑에 걸러진 액체는 두유다. 이 두유를 이용하여 두부를 만들게 되는데 면보 안에 남은 비지는 비지찌개 또는 부침개에 활용하면 좋다.

6 바닥이 두툼하며 끓일 두유의 양보다 3배는 더 들어갈 수 있는 넉넉한 크기의 냄비를 준비한다. 여기에 두유를 붓고 끓이면 쉽게 넘치니, 처음에는 센 불에서 끓이다 두유가 넘치려고 하면 찬물 1컵을 넣고 불은 약하게 줄인다. 밑부분이 눌러 붙지 않도록 여러 번 저어줘야 한다.

7 물 1/2컵(분량 외)에 응고제와 소금을 넣고 녹인 후, 2~3회 걸쳐 냄비에 부어주며 재빨리 저어준다. 이때 응고제와 소금 녹인 물은 조금씩 넣어줘야 두유가 고르게 응고된다.

8 몽글몽글하게 된 상태가 순두부다. 틀 안에 젖은 면보(베 보자기)를 깔고 순두부를 부어준다. 조금씩 부어야 물이 아래로 잘 빠지게 되며 물이 어느 정도 빠지면 면보를 잘 감싼 후 1시간 이상 꾹꾹 눌러 물기를 빼면 완성이다.

응고제는 뭔가요?
두부의 단백질을 응고시키는 것으로 두부의 모양을 성형시키는 데 사용되는 재료입니다. 전통적으로는 바닷물의 간수를 응고제로 사용하지만 간수를 쉽게 구할 수 없으므로 시중에 판매되는 응고제를 사용하면 편리합니다. 응고제는 인터넷으로도 쉽게 구입할 수 있어요.

콩 손질하기 1

콩 불리기 2

콩 껍질 제거 3

콩 갈기 4

콩물 걸러내기 5

두유 끓이기 6

응고제 넣기 7

성형하기 8

이색 두부 만들기

흰 두부 만들기에 통달했다면 이번에는 좀 더 맛있고 특별한 두부 만들기에 도전하세요.
아래의 각 재료들은 모두 기본편 레시피의 7단계 전, 즉 응고제 넣기 전 단계에서 넣으면 됩니다.
물론 재료의 양은 취향대로 가감할 수 있습니다.

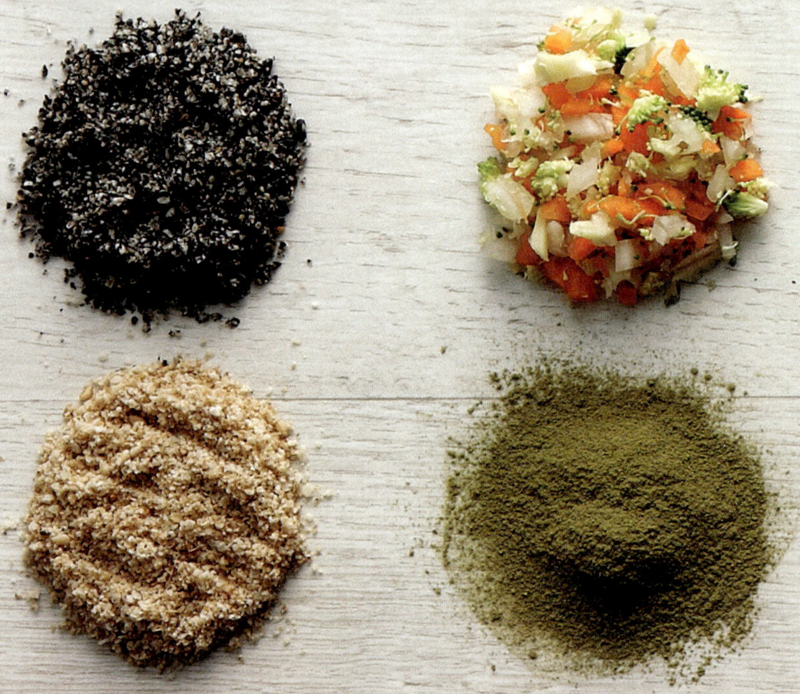

1

2

3

4

1 흑임자 두부
흑임자를 믹서에 곱게 갈아서 준비
한다, 6큰술 첨가

2 야채 두부
당근, 양파, 브로콜리를 모두 잘게 다
져 준비한다. 1/2컵 첨가

3 참깨 두부
참깨를 믹서에 곱게 갈아서 준비한
다. 6큰술 첨가

4 녹차 두부
시판용 녹차가루를 준비한다. 4~5큰
술 첨가

두유마요네즈 만들기 기본편/응용편

고소하고 영양가 높은 두유마요네즈로 아이들의 입맛은 물론 건강까지 챙겨주세요.
시중에서 판매하는 마요네즈와 달리 동물성 성분이 없어 칼로리가 낮으니 다이어트에도 좋답니다.
만드는 방법은 너무 간단해요. 소량으로 만들어 샐러드, 샌드위치, 채소스틱의 딥 등
다양한 요리에 곁들여 맛있게 즐기기만 하면 된답니다.

기본편

READY

두부 … 1/4모(70g)	설탕 … 1/2큰술
오일 … 5큰술	소금 … 2꼬집
식초 … 2큰술	후추 … 약간

HOW TO MAKE

1 믹서에 두부, 오일, 식초, 설탕을 넣고 갈아준다.
2 소금과 후추로 간한다.

재료 한번에 넣어 갈기 　**1**

질감 확인하기 　**2**

응용요리
순두부마요네즈샐러드

일반 두부가 아닌 순두부를 넣어 마요네즈를 만들었
어요. 역시 다른 종류의 두부를 사용해도 괜찮습니
다. 입맛 까다로운 아이에게도 부담 없이 권할 수 있
는 영양 간식이지요. 바쁜 아침 식사 대용으로도 그
만이고요. 햄과 삶은 달걀, 양파를 곱게 다져 분량의
마요네즈와 함께 섞기만 하면 완성됩니다.
*자세한 레시피 설명은 p.98을 참고하세요.

응용편

*모든 재료는 두유마요네즈 기본편 1단계, 즉 믹서에 재료를 넣고 갈기 전 함께 넣어 주세요.

🛒 READY

1. 크림치즈 2큰술 + 파마산 치즈가루 1큰술

2. 견과류(호두, 땅콩, 잣 등) 3큰술

3. 바질 페스토 2큰술

4. 엔초비 3~5개

냉두부 베리에이션

두부에 좋아하는 토핑을 첨가해 두부를 더욱 맛있게 즐기세요!
비좁은 냉장고 속, 자리만 차지하고 있던 식재료를 꺼내어 두부 위에 얹어보세요.
놀랍도록 맛있고 향긋하며, 식감도 훨씬 뛰어나진답니다.

1. 나또 + 달걀 노른자
2. 빵가루 토핑 *하단의 Cook Tip 참고
3. 볶은 멸치 + 김
4. 김치무침 + 깻잎

5. 조미 해초 + 가츠오부시
6. 토마토 + 새싹채소
7. 엔초비 + 올리브 + 케이퍼
8. 명란젓 + 실파

빵가루 토핑 만들기

READY
빵가루 4큰술, 버터 1/2큰술
(또는 오일 1큰술), 치즈가루 1
큰술, 다진 파슬리(또는 건조
시킨 파슬리 가루) 1작은술

HOW TO MAKE
1 팬에 버터를 넣고 녹인 후,
  빵가루를 넣어 바삭바삭하
  게 볶는다.
2 빵가루 색이 노릇하게 변하
  면 불을 끈 후, 치즈 가루와
  파슬리를 넣고 섞는다.

COOK
TIP

BASIC 08
두부와 잘 어울리는 소스 4종 만들기

두부의 버라이어티한 변신은 아직 끝나지 않았습니다. 이번엔 함께 곁들여 먹으면
너무나도 환상적인 맛을 내는 스페셜 소스 4종을 준비했거든요. 오리엔탈 드레싱, 참깨 소스, 매운 소스,
한국식 양념간장까지! 각 양념에 들어갈 분량의 재료를 한데 섞어주기만 하면 뚝딱 완성됩니다.

1 오리엔탈 드레싱

간장 · 식초 … 2큰술씩
오일 … 1큰술
참기름 · 다진 양파 … 1작은술씩
참깨 … 1/2작은술

2 참깨 소스

참깨 · 마요네즈 … 2큰술씩
식초 · 올리고당 · 우유 … 1큰술씩
간장 … 1작은술

3 매운 소스

두반장 … 1½큰술
식초 … 2큰술
고추기름 … 1큰술
설탕 … 1/2큰술
다진 마늘 · 간장 · 참기름 …
　1작은술씩

4 한국식 양념간장

간장 · 맛술 · 고춧가루 … 1큰술씩
참기름 · 다진 파 … 1작은술씩
다진 마늘 · 참깨 · 설탕 …
　1/2작은술씩

part 1

ONE

두부 하나만 있으면 완성!

두부강정 | 두부조림 | 두부전

두부콩국수 | 아게도후

두부날치알샐러드 | 두부과자

두부가스 | 탕수두부

두부강정

 READY

두부 … 1/2모	**소스**
전분 가루 … 1/2컵	고추장 · 케첩 … 1½큰술씩
오일 … 1컵	올리고당 … 1큰술
땅콩 · 소금 … 약간씩	맛술 … 2큰술
	물 … 1/4컵

HOW TO MAKE

1 두부는 사방 2cm 크기로 사각썰기하고, 소금을 약간 뿌려둔다.

2 키친타월로 물기를 제거하고 전분 가루를 가볍게 묻힌다.

3 냄비에 오일을 적당히 붓고 **2**의 두부를 넣어 노릇하게 튀긴다.

4 분량의 소스 재료를 냄비에 넣고 한소끔 끓인 후, 튀긴 두부를 넣어 가볍게 버무려 낸다.

사각썰기 후 소금 뿌리기 1

전분 가루 묻히기 2

노릇하게 튀기기 3

소스에 버무리기 4

COOK TIP 냉동된 두부를 사용하면 더욱 바삭바삭한 식감을 즐길 수 있어요(p.18 참고).

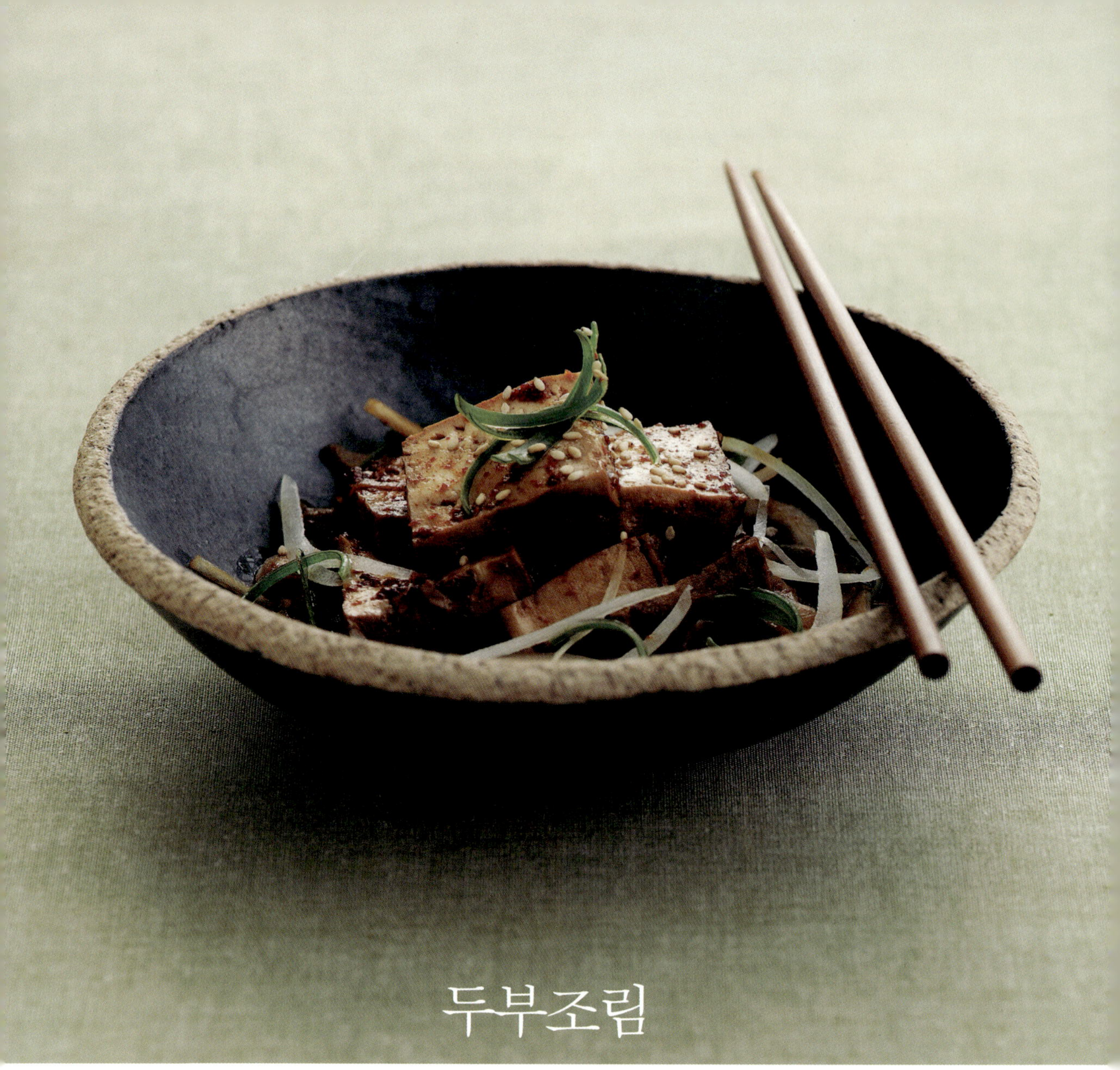

두부조림

READY

두부 … 1모
대파 … 1대
양파 … 1/4개

양념
간장 … 2큰술
고춧가루 · 맛술 … 1큰술씩
설탕 · 물엿 … 1/2큰술씩
다진 마늘 … 1작은술
물 … 1/2컵
후추 … 약간

HOW TO MAKE

1 두부는 사방 4cm, 두께 1cm 크기로 자른다. 대파와 양파는 얇게 채 썬다.
2 냄비에 채 썬 대파와 양파를 깔고, 그 위에 두부를 올린 후 양념을 부어준다.
3 뚜껑을 닫고 약불에서 조린다.

COOK TIP
먼저 두부를 오일에 노릇하게 부친 후 사용하세요. 탄력도 훨씬 좋아지고 맛도 진해진답니다.

두부전

READY

두부 … 1/2모

다진 양파 … 5큰술

다진 당근 · 다진 실파 …

　3큰술씩

달걀 … 2개

소금 · 후추 · 오일 …

　약간씩

HOW TO MAKE

1 두부는 칼등으로 곱게 으깬다.

2 으깬 두부, 양파, 당근, 쪽파에 달걀을 풀어 넣고,
　소금과 후추로 간한다.

3 오일을 넉넉히 두른 팬에 2를 노릇하게 부쳐 낸다.

COOK TIP

으깬 두부는 전을 부칠 때 쉽게 부스러질 수 있으니, 처음부터 모양을 작게 만들어 부치는 것이 좋아요.

두부콩국수

🥄 READY

순두부 … 1모	오이 … 1/4개
우유 또는 두유 … 2컵	방울토마토 … 2개
소면 … 2인분	소금 · 참기름 … 약간씩

🍲 HOW TO MAKE

1 순두부와 우유를 믹서로 곱게 간 후 소금으로 간하여 차게 둔다.

2 소면을 삶은 후 그 위에 채 썬 오이와 방울토마토를 올린다.

3 순두부 국물을 붓고 참기름 1방울을 뿌려 낸다.

믹서 안에 재료 넣고 갈기　1

소면에 국물 붓기　3

COOK TIP

순두부와 우유를 믹서에 갈기 전 견과류를 함께 넣어주면 더욱 고소한 국물을 만들 수 있어요. 물론 순두부가 아닌 일반 두부, 연두부 등 어떤 종류를 사용해도 상관없답니다.

아게도후

두부 … 1/2모

전분 가루 … 1/2컵

오일 … 1컵

무(갈은 것) · 가츠오부시

· 송송 썬 실파 · 소금

… 약간씩

맛국물

다시물 … 1컵

간장 … 3큰술

맛술 … 4큰술

HOW TO MAKE

1 4등분한 두부에 소금을 약간 뿌린 후 키친타월로 물기를 제거한다.

2 두부에 전분 가루를 가볍게 묻히고, 오일을 채워 둔 팬에 올려 바삭바삭하게 튀긴다.

3 맛국물 재료를 냄비에 담아 한소끔 끓인다.

4 두부 위에 맛국물을 적당히 뿌리고 갈아 놓은 무와 가츠오부시, 송송 썬 실파를 얹어 낸다.

COOK TIP

튀김 요리를 할 때 가장 큰 골칫덩어리는 바로 사용한 오일의 처리법이지요. 우선 오일이 많아야 맛있게 튀겨질 거라는 생각을 버리세요. 예를 들면 소스 전용 팬에 사용할 두부의 절반 정도만 오일이 닿게끔 부어주면 충분히 바삭바삭한 튀김이 완성될 수 있답니다. 깔끔하게 튀기고, 버리는 양도 최소한으로 할 수 있는 방법이죠.

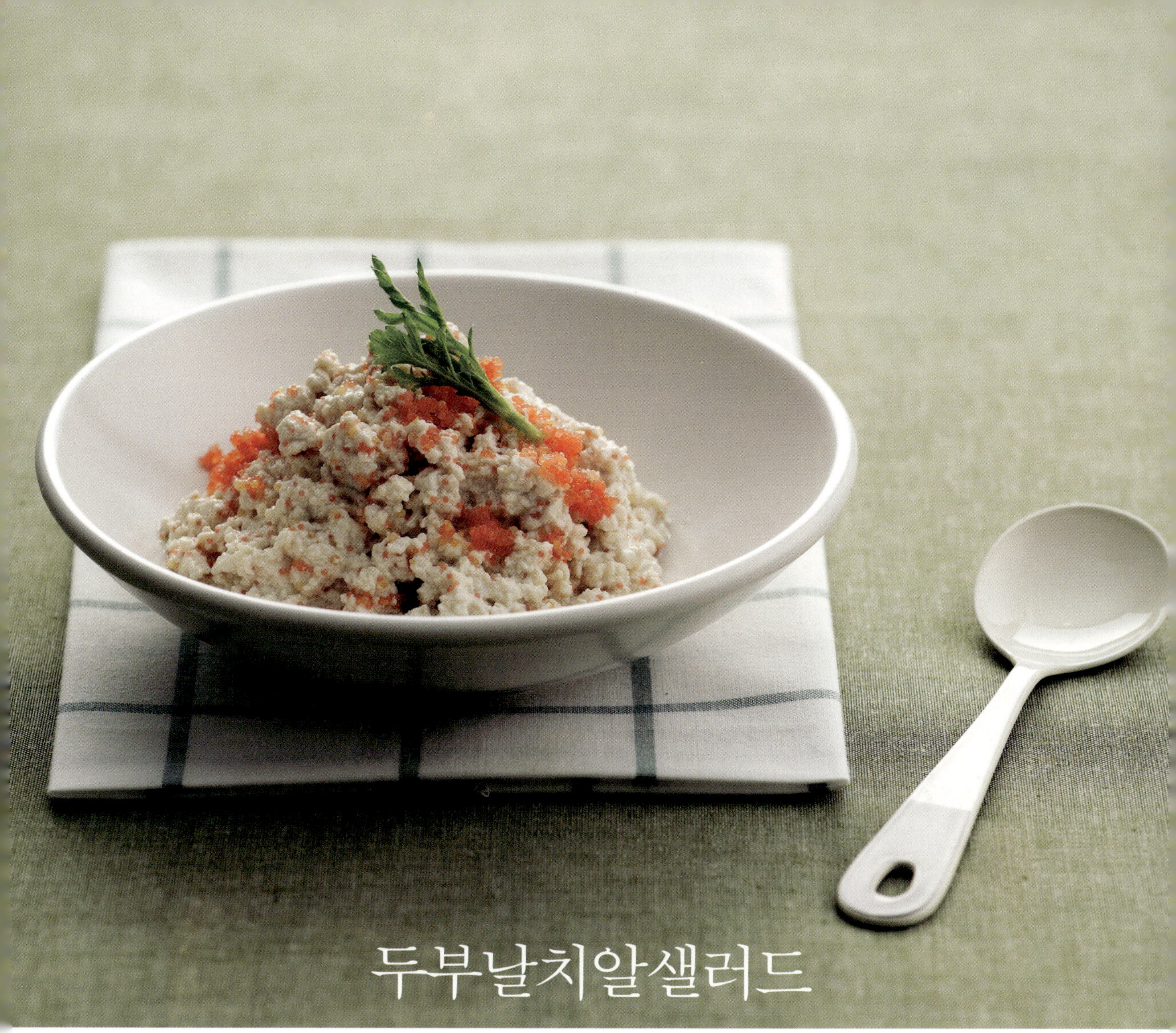

두부날치알샐러드

READY

두부 … 1/2개	참기름 … 1/2큰술
날치알 … 4큰술	소금 · 후추 · 참깨 … 약간씩
다진 양파 … 3큰술	

HOW TO MAKE

1 두부는 칼등으로 으깬 후 면보로 감싸 물기를 꼭 짠다.

2 으깬 두부, 날치알, 다진 양파에 참기름, 소금, 후추, 참깨로 간을 하여 버무린다.

COOK TIP

두부는 아주 곱지 않게, 즉 입자감이 느껴질 정도로만 으깨줘야 식감이 좋답니다.

두부과자

READY

두부 … 1/4모	검은깨 … 2큰술
달걀 … 1/3분량	오일 … 1컵
밀가루 … 100g	소금 … 약간
설탕 … 30g	

HOW TO MAKE

1 두부는 칼등으로 곱게 으깬다.
2 으깬 두부에 달걀을 섞은 후 밀가루를 넣는다.
3 검은깨를 넣어 섞고 냉장고에서 10분간 휴지한다.
4 반죽을 두께 2mm 정도로 얇게 민다.
5 먹기 좋은 크기로 자른다.
6 오일에서 노릇하게 튀겨 낸다.

두부 으깨기 1

검은깨 섞기 3

반죽 얇게 밀기 4

COOK
TIP

검은깨 대신 견과류를
넣어도 좋아요. 반죽은
얇게 밀수록 더욱 바삭
바삭하게 튀겨집니다.

자르기 5

튀기기 6

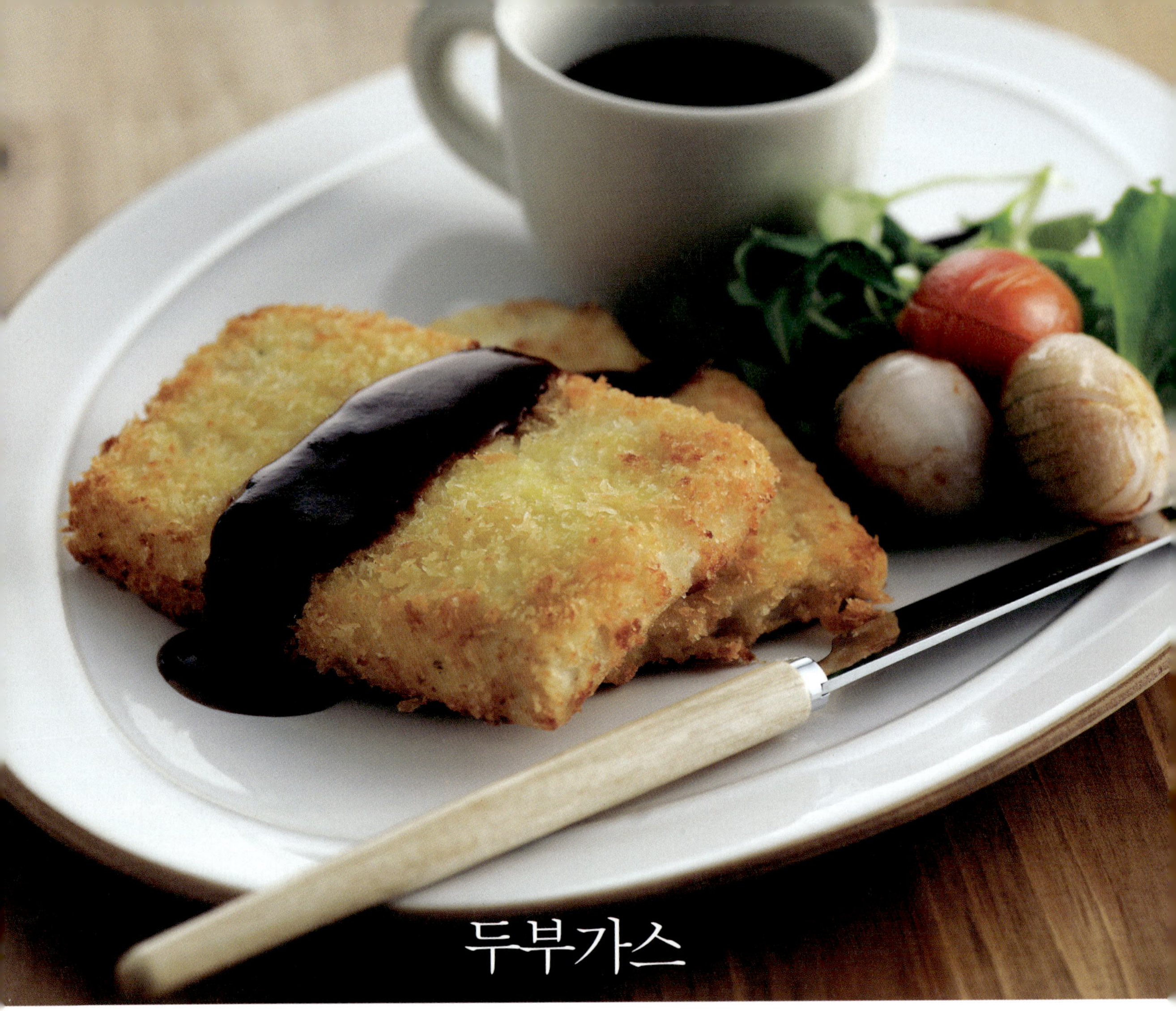

두부가스

READY

두부 … 1/2모	오일 … 1컵
빵가루 … 1컵	소금 … 약간
밀가루 … 1/4컵	돈가스 소스(시판용) … 적당량
달걀 … 1개	

HOW TO MAKE

1 두부는 넓적하게 썰고, 그 위에 소금을 살살 뿌린다.
2 키친타월로 물기를 살짝 제거한 후 밀가루, 달걀물, 빵가루 순으로 옷을 입힌다.
3 오일에 노릇하게 튀긴 후 시판용 돈가스 소스를 뿌려 낸다.

COOK TIP 먹을 때 곱게 채 썬 양배추 또는 어린잎 채소를 곁들이면 맛도 좋고, 영양도 업그레이드 된답니다.

탕수두부

READY

두부 … 1/2모	**소스**
전분 가루 … 1/2컵	식초 … 3큰술
갖은 채소(양파, 당근,	설탕 … 2큰술
브로콜리, 피망 등) …	간장 … 1작은술
약간씩(한입 크기로	물 … 1컵
자를 것)	후추 … 약간
물전분 … 약간	

COOK TIP

물전분은 『물 : 전분 가루(감자, 고구마, 옥수수) = 1 : 1』로 섞은 것을 말합니다. 센 불에서 농도를 봐 가며 전분 가루를 조금씩 넣고 재빨리 섞어 주어야 깔끔하게 완성되지요.
채소는 어떤 것을 사용해도 좋아요. 종류에 구애받지 말고 냉장고에 남아있는 것들을 넣으세요.

HOW TO MAKE

1 두부는 3cm×1cm×1cm 크기로 잘라 소금을 솔솔 뿌려 둔다.
2 키친타월로 두부의 물기를 살짝 제거한 후 전분 가루를 가볍게 묻혀 오일에서 바삭바삭하게 튀긴다.
3 오일을 두른 팬에 한입 크기로 자른 채소를 넣고 볶다가 분량의 소스 재료를 부어 함께 끓인다.
4 물전분으로 농도를 조절하고 튀긴 두부에 얹어 낸다.

part 2

ONE + ONE

두부에 한 가지 재료만 더하면 완성!

두부+김치 ▶ 두부소보로 김치볶음밥 | 두부김치 | 김칫국

두부+소고기 ▶ 두부소고기덮밥 | 고추장찌개 | 두부소고기샐러드

두부+버섯 ▶ 두부버섯데리야끼덮밥 | 두부버섯젓국 | 표고버섯전

두부+해초(미역) ▶ 두부해초비빔밥 | 두부미소국 | 두부미역냉채

순두부+바지락 ▶ 맑은순두부국 | 마파순두부 | 순두부바지락찜

김칫국
두부김치

두부 + 김치

냉장고를 열었더니 덩그러니 두부 한 모가 나를 바라봅니다.
대체 두부 한 모로 무엇을 만들 수나 있을까 의문이 들겠지만,
우리에겐 구세주 같은 김치가 있으니 천군만마를 얻은 것 같아요!
밥에 쏙! 국에 쏙! 반찬에 쏙!
그냥 먹어도 꿀떡 넘어가는 두부와 김치!
누가 뭐라 해도 기특한 재료들인 것만은 틀림없습니다.

두부소보로 김치볶음밥

READY

배추김치 … 1컵

두부 … 1/4모

밥 … 1공기

양파 … 1/4개

실파 … 3대

김치 국물 … 3큰술

참기름 … 1작은술

오일 · 소금 · 후추 … 약간씩

HOW TO MAKE

1 김치는 종종 썰고, 양파는 다지고, 두부는 칼등으로 으깬다.

2 오일을 두른 팬에 한쪽엔 두부를, 다른 한쪽엔 김치를 넣고 각각 볶는다.

3 두부가 바삭바삭해지면 양파, 밥, 김치 국물을 넣고 볶는다.

4 송송 썬 실파, 참기름을 넣고 소금과 후추로 나머지 간을 한다.

두부 으깨기   1

두부와 김치 각각 볶기   2

양파, 밥, 김치 국물 넣고 볶기   3

COOK TIP

김치가 너무 신가요? 그럴땐 설탕 1작은술을 넣어 함께 볶아주세요. 신맛이 훨씬 줄어들 거예요.

두부김치

READY

김치 ⋯ 1/2포기	**양념**
두부 ⋯ 1모	고추장 · 고춧가루 ·
양파 ⋯ 1/4개	올리고당 ⋯ 1큰술씩
대파 ⋯ 1대	설탕 ⋯ 1작은술
들기름 ⋯ 2큰술	소금 · 후추 ⋯ 약간씩

HOW TO MAKE

1 양파는 채 썰고, 김치는 한입 크기로 자른다.

2 들기름을 두른 팬에 양파와 김치를 넣고 김치가
투명해질 때까지 볶는다.

3 여기에 고추장, 설탕, 고춧가루를 넣고 함께 볶다
가 마지막으로 올리고당과 대파를 넣는다.

4 두부는 통째로 끓는 물에 삶아 한입 크기로 자르
고, 준비된 볶은 김치를 곁들여 낸다.

COOK TIP

생두부를 이용할 경우 삶는 과정을
생략해도 상관없답니다.

김칫국

READY

배추김치 … 1컵	다시마 … 2장(사방 5cm)
두부 … 1/4모	국간장 … 1/2큰술
김치 국물 … 4큰술	소금 … 약간
대파 … 1대	
다시용 멸치 … 1/2줌	

HOW TO MAKE

1 김치와 두부는 한입 크기로 자른다.
2 물 4컵에 멸치, 다시마, 송송 썬 김치, 김치 국물을 넣고 10분간 끓인 후, 멸치와 다시마만 건져 낸다.
3 여기에 두부를 넣고 한소끔 끓인 후 국간장과 소금으로 간한다.
4 링 모양으로 썬 대파를 넣어 마무리한다.

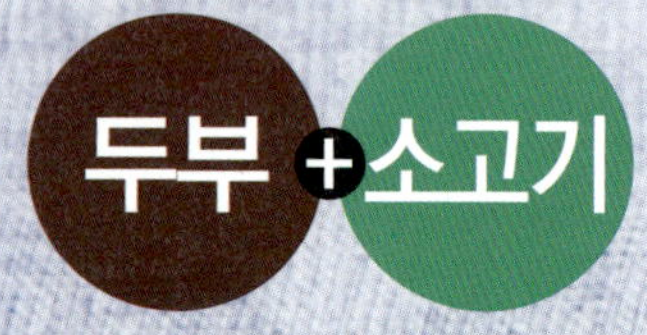

소고기와 두부는 같은 단백질 음식이라도 맛과 향, 식감 등
어느 것 하나 비슷한 점을 찾을 수가 없지요.
든든한 한 끼 식사를 원한다면
이 두 가지 재료의 콤비네이션 요리는 어떠신가요?
기분 좋은 포만감을 안겨줄 거예요.
물론, 몸짱이 되고 싶은 이들에게 강력히 추천하는 메뉴이기도 합니다.

두부소고기덮밥

고추장찌개

두부소고기덮밥

🥘 READY

두부 … 1/4모	**양념**
소고기 … 100g	다시물 … 1컵
밥 … 1공기	간장 · 맛술 … 1큰술씩
양파 … 1/4개	설탕 … 1작은술
달걀 … 1개	후추 … 약간
당근 · 소금 … 약간	

🍵 HOW TO MAKE

1 양파와 당근은 채 썰고, 소고기는 얇게 편으로 썰고, 두부는 한입 크기로 자른다.
2 오일을 두른 팬에 양파와 당근을 넣어 볶다가 소고기를 넣는다.
3 두부를 넣는다.
4 소고기가 익으면 분량의 양념 재료를 섞어 넣고 한소끔 끓인다.
5 국물이 반으로 줄면 달걀물을 부어 재료를 고정시키듯이 만들어 익힌 후 밥 위에 얹어 낸다.

COOK TIP

재료를 저으며 볶을 때는 자칫 두부가 부서질 수 있으니 가볍게 살살 저어주세요. 달걀은 모든 재료가 흩어지지 않도록 살짝 고정해주는 역할을 해줍니다.

양파, 당근, 소고기 볶기 2

두부 넣어 볶기 3

양념 넣고 끓이기 4

달걀물로 재료 고정시키기 5

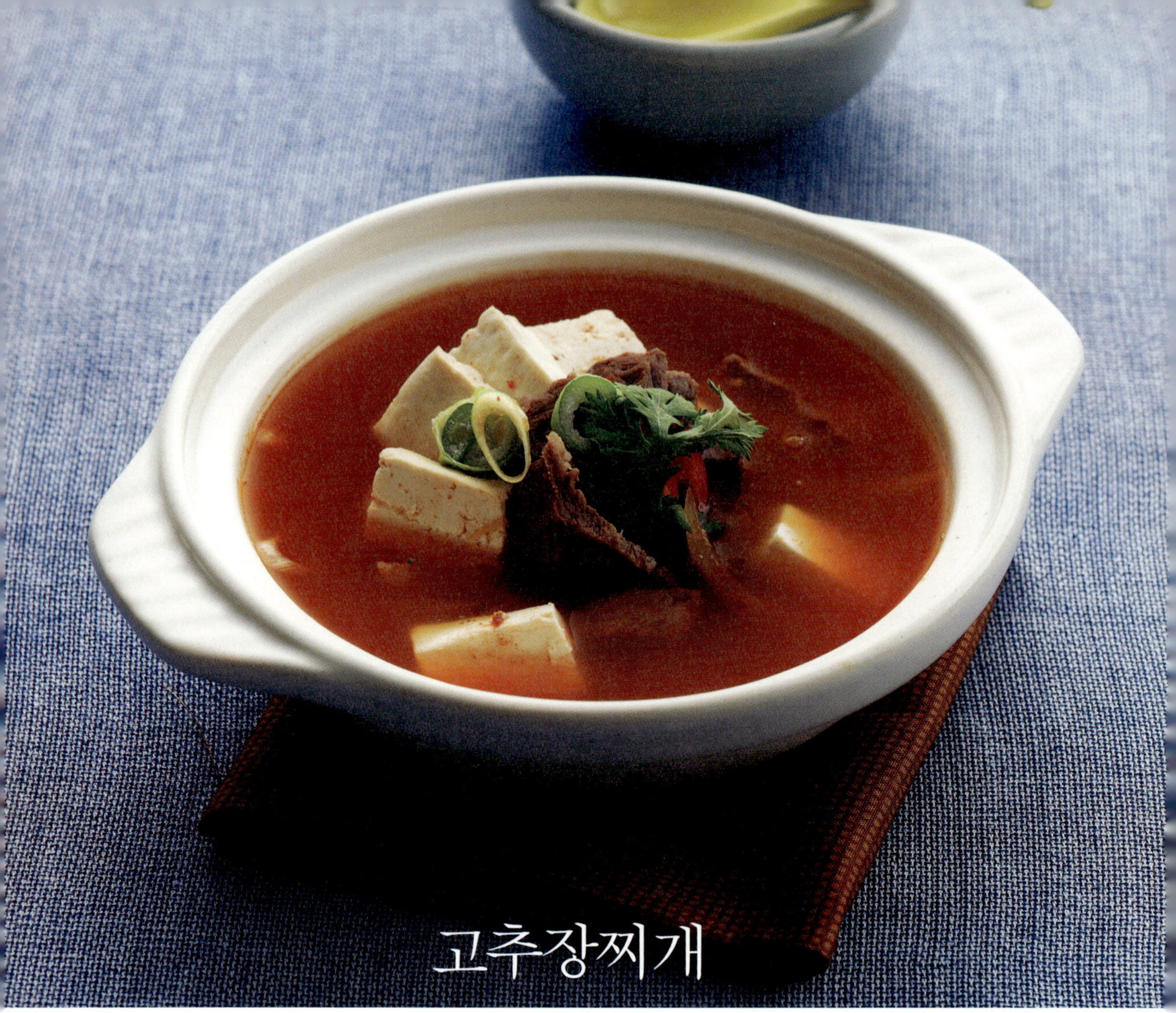

고추장찌개

 READY

두부 … 1/4모	다시마 … 2장(사방 5cm)
소고기 … 200g	고추장 … 2큰술
양파 … 1/4개	고춧가루 · 된장 · 다진
대파 … 1대	마늘 … 1작은술씩
청양고추 … 1개	국간장 … 2작은술

HOW TO MAKE

1. 두부는 한입 크기로 자르고, 양파는 도톰하게 채 썰고, 소고기는 얇게 편썰고, 대파와 청양고추는 어슷하게 썬다.
2. 냄비에 소고기를 볶다가 물 4컵과 다시마를 넣고 끓인다.
3. 10분 후 다시마는 건져내고 고추장, 된장, 고춧가루를 넣어 한소끔 끓인다.
4. 두부, 양파, 청양고추를 넣고 다진 마늘과 국간장으로 간을 한 후 대파를 얹어 낸다.

다시마를 너무 오래 끓이면 진액이 나와 국물이 깨끗해지지가 않아요. 그러니 10분 후에는 꼭 건져내는 것이 좋습니다.

두부소고기샐러드

🍱 READY

두부 … 1/2모

샐러드용 채소 … 2줌

불고기용 소고기 … 200g

소금 … 약간

드레싱

씨겨자 · 오일 · 식초 …

   1큰술씩

설탕 · 간장 … 1/2큰술씩

소금 · 후추 … 약간씩

불고기 양념

간장 · 맛술 … 1큰술씩

설탕 · 다진 마늘 …

   1작은술씩

후추 … 약간

🍲 HOW TO MAKE

1 두부는 적당한 크기로 납작하게 썰어 소금을 솔솔 뿌린 후 물기를 제거하고, 소고기는 불고기 양념 에 버무려 놓는다.

2 오일을 두른 팬에 두부를 노릇하게 굽는다.

3 분량의 드레싱 재료를 섞어 차게 하고, 소고기는 팬에 볶는다.

4 샐러드용 채소 위에 소고기와 두부를 얹고 드레싱 을 뿌려 낸다.

두부버섯젓국
표고버섯전
두부버섯데리야끼덮밥

버섯의 종류는 우리가 알고 있는 것보다 훨씬 다양하답니다.
그렇더라도 마트에서 매번 고르는 버섯은 익숙한 것들이지요.
지금부터 소개하는 요리들은 두부와 버섯이 메인으로 사용됩니다.
레시피에 적힌 버섯만 고집하지 말고 다양한 버섯들을 넣어 실험해보세요.
오늘은 느타리버섯을 넣었다면, 내일은 표고버섯으로!
맛은 물론이고 향도 모양도 만족스러울 거예요.
오늘부터는 종류에 얽매이지 말고 마음 편하게 버섯 요리를 즐겨보세요.

두부버섯데리야끼덮밥

READY

두부 … 1/4모	**소스**
만가닥 송이버섯 … 2줌	간장 · 맛술 … 2큰술씩
밥 … 1공기	올리고당 … 1큰술
쑥갓 … 약간	설탕 … 1작은술
오일 · 소금 · 후추 … 약간씩	물 … 3큰술

HOW TO MAKE

1 두부는 한입 크기로 납작하게 자르고, 버섯은 밑 부분을 손질해 한 가닥씩 분리한다.

2 오일을 두른 팬에 소금 · 후추로 간한 두부와 버섯을 올려 각각 굽는다.

3 분량의 소스 재료를 섞어 **2**에 붓고 가볍게 조린다.

4 밥 위에 **3**을 얹고 쑥갓을 올려 낸다.

두부와 버섯 굽기 2

소스 붓고 조리기 3

밥 위에 재료 얹기 4

COOK TIP 어린잎 채소를 곁들여도 좋습니다. 두부에 전분 가루를 묻혀 구우면 두부의 바삭바삭한 질감까지 느낄 수 있어요.

두부버섯젓국

🍲 READY

두부 … 1/4모	청양고추·홍고추 … 약간씩
느타리버섯 … 1줌	새우젓 … 2작은술
양파 … 1/4개	국간장 … 1작은술
다시용 멸치 … 1/2줌	소금·후추 … 약간씩
다시마 … 2장(사방 5cm)	

🥘 HOW TO MAKE

1 두부는 한입 크기로 자르고 버섯은 한 가닥씩 분리하고, 양파는 굵게 채 썬다.

2 물 4컵에 멸치와 다시마를 넣고 끓이다가 10분 후에 멸치와 다시마를 건져낸다.

3 두부와 버섯, 양파를 넣고 한소끔 끓인 후 새우젓과 국간장으로 간을 한다.

4 송송 썬 청양고추·홍고추 약간을 넣고 소금과 후추로 나머지 간을 한다.

COOK TIP

새우젓 대신 명란젓을 넣어 간해도 맛있어요. 좋아하는 젓갈이 있다면 자유롭게 응용해보세요. 더욱 재미있고 신나게 요리할 수 있어요.

이지 쿠킹 **두부**"

표고버섯전

🍲 READY

두부 … 1/2개	달걀 … 2개
표고버섯 … 10개	쪽파 … 3대
양파 … 1/4개	오일 · 소금 · 후추 …
당근 … 1/6개	약간씩

🍳 HOW TO MAKE

1 칼등으로 곱게 으깬 두부에 양파, 당근, 쪽파 다진 것을 섞는다.

2 표고버섯은 기둥을 잘라내고 버섯 안쪽에 밀가루를 살짝 묻힌 후 **1**을 채워 넣는다.

3 **2**의 겉면에 밀가루를 가볍게 묻히고 달걀물을 골고루 입힌다.

4 오일을 두른 팬에 올려 노릇하게 부친다.

COOK TIP

표고버섯의 전체가 골고루 익도록 센 불에서 굽되, 타지 않도록 세심하게 신경쓰며 부쳐 주세요. 두부전을 찍어먹을 양념 간장은 『간장 · 맛술 각 1큰술+식초 · 설탕 각 1작은술』의 분량으로 섞어 사용하면 된답니다.

두부해초비빔밥

앞에서도 언급했듯 두부와 해초류는
궁합이 매우 좋답니다.
두부에 들어있는 사포닌 성분이 체내에서
요오드 배출을 촉진시키는데요.
이때 다시마나 미역 등의 해초류가
부족해진 요오드를 보충해줄 수 있기 때문이죠.

두부미소국

두부미역냉채

두부해초비빔밥

READY

두부 ⋯ 1/4모	**양념**
시판용 조미 해초 ⋯ 1/2컵	고추장 ⋯ 2큰술
밥 ⋯ 1공기	식초 ⋯ 1큰술
오일 · 소금 ⋯ 약간씩	설탕 ⋯ 1/2큰술
	참깨 ⋯ 1작은술

HOW TO MAKE

1 오일 두른 팬에 칼등으로 으깬 두부를 올리고, 소
  금을 솔솔 뿌려가며 바삭바삭하게 볶는다.
2 분량의 양념 재료를 섞는다.
3 밥 위에 해초와 **1**을 얹고 양념장을 곁들여 낸다.

시판용 해초는 물기를 충분히 제거한 뒤 사용
하세요. 으깬 두부는 팬에서 볶아 물기를 완전
히 날린 후 요리에 사용하면 바삭바삭한 식감
이 난답니다.

두부미소국

🥗 READY

일본식 된장 … 1½큰술	건미역 … 5g
두부 … 1/4모	소금 … 약간

🍲 HOW TO MAKE

1 두부는 사방 1cm 크기로 사각썰기하고, 미역은 물에 불려 놓는다.

2 2컵 분량의 끓는 물에 된장을 푼 후 끓인다.

3 두부와 미역을 넣고 부글부글 끓인 후 소금 간하여 낸다.

COOK TIP

일본식 된장(미소, 味噌)이 뭔가요?

콩 이외에도 쌀, 보리, 밀가루 등이 첨가된 된장을 말해요. 일식집에 갔을 때 주는 미소국이라는 것 들어보셨을 거예요. 그게 바로 일본식 된장으로 만든 국이랍니다. 오래 끓여야 깊은 맛이 나는 한국 된장과는 달리 일본 된장은 한소끔 정도만 끓여야 텁텁한 맛이 나지 않아요. 오래 끓이게 되면 향과 맛이 좋지 않습니다. 집에서 만들 때는 '아와세미소(あわせ味噌)'를 사용하세요. 물론 다른 어떤 것을 사용해도 상관은 없습니다.

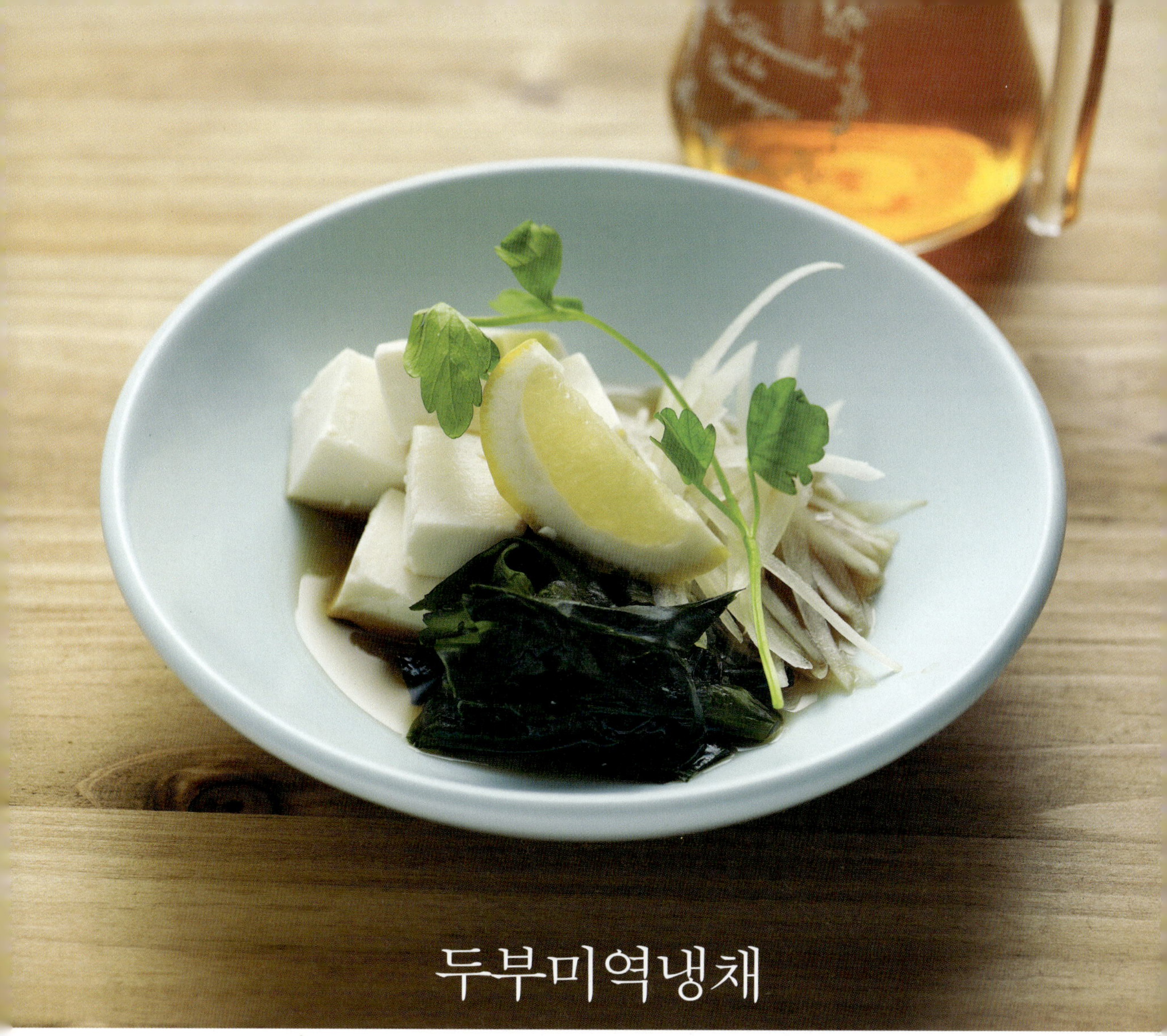

두부미역냉채

READY

- 두부 … 1/4모
- 불린 미역 … 1컵
- 대파(흰 부분) … 1대

양념

- 간장 · 식초 … 2큰술씩
- 오일 … 1큰술
- 참깨 … 1/2작은술
- 참기름 … 1작은술
- 다진 양파 … 2작은술

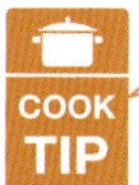

HOW TO MAKE

1 두부는 먹기 좋은 크기로 자르고, 불린 미역은 끓는 물에 살짝 데쳐 적당한 길이로 자른다.
2 대파는 얇게 채 썰고 분량의 양념 재료를 섞어 둔다.
3 미역 위에 두부와 대파를 올리고 양념을 얹어 낸다.

COOK TIP
두부와 미역, 양념은 모두 차갑게 해서 먹어야 더 맛있게 즐길 수 있어요.

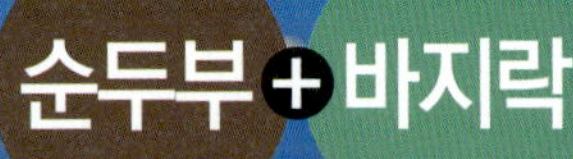

부들부들 맛있는 순두부와 깊고 시원한 국물 맛의
일등공신 바지락이 만났습니다. 물론 순두부 대신 다른 종류의
두부를 사용해도 맛은 변함없어요. 바지락은 요리할 때마다
사먹는 것도 나쁘지는 않지만 미리 손질해 냉동실에 보관해 두었다가
필요할 때마다 꺼내 사용하면 훨씬 더 편리하답니다.

맑은순두부국

마파순두부

순두부바지락찜

맑은순두부국

 READY

순두부 ··· 1/2봉지	새우젓 ··· 1/2큰술
바지락 ··· 200g	국간장 ··· 1/2큰술
청양고추 ··· 1개	다진 마늘 ··· 1작은술
대파 ··· 1대	소금 · 후추 ··· 약간씩
다시마 ··· 2장(사방 5cm)	

HOW TO MAKE

1 청양고추와 대파는 링으로 썬다.

2 물 3컵에 바지락과 다시마를 넣고 끓이다가 10분 후 다시마만 건져낸다.

3 여기에 순두부, 청양고추, 대파를 넣고 한소끔 끓인 후 새우젓, 국간장, 다진 마늘, 소금, 후추로 간한다.

COOK TIP
다시마를 너무 오래 끓이면 진액이 나와 국물이 깨끗해지지가 않아요. 그러니 10분 후에는 꼭 건져내는 것이 좋습니다.

마파순두부

🥄 READY

순두부 ··· 1/2봉지	홍고추 ··· 1/2개
바지락살 ··· 1/2컵	두반장 ··· 1큰술
밥 ··· 1공기	고추기름 ··· 1큰술
양파 ··· 1/4개	설탕 ··· 1작은술
청양고추 ··· 2개	물전분 ··· 1큰술

🍳 HOW TO MAKE

1 양파, 청양고추, 홍고추는 곱게 다진다.
2 고추기름을 두른 팬에 양파, 청양고추, 홍고추를 넣고 볶다 바지락을 넣는다.
3 여기에 두반장과 설탕을 부어 볶다가 물 2/3컵을 넣고 끓인다.
4 국물이 반으로 줄면 물전분으로 농도를 낸다.
5 순두부와 가볍게 섞어 밥 위에 얹어 낸다.

COOK TIP

물전분은 「물 : 전분 가루(감자, 고구마, 옥수수) = 1 : 1」로 섞은 것을 말합니다. 센 불에서 농도를 봐가며 전분 가루를 조금씩 넣고 재빨리 섞어 주어야 깔끔하게 완성되지요.
채소는 어떤 것을 사용해도 좋아요. 종류에 구애 받지 말고 냉장고에 남아있는 것들을 넣으세요.

고추기름 두른 팬에 재료 볶기

바지락 넣어 볶기 **2**

두반장 부어 볶기

물 2/3컵 부어 끓이기 **3**

물전분으로 농도 내기 **4**

순두부 섞기 **5**

순두부바지락찜

READY

순두부 … 1/2봉지	**양념**
바지락 … 200g	두반장 · 맛술 … 1큰술씩
풋고추 · 홍고추 … 1개씩	굴소스 … 1/2큰술
참기름 … 약간	다진 양파 … 2큰술
	설탕 … 1작은술
	물 … 1/3컵

HOW TO MAKE

1 풋고추와 홍고추는 링으로 썰어 두고, 냄비에 바
  지락과 순두부를 담는다.
2 분량의 양념 재료를 섞어 **1**에 붓는다.
3 뚜껑을 닫고 약불에서 끓인다.
4 끓기 시작하면 뚜껑을 열어 국물이 자작하도록 한
  번 더 끓여준 후 풋고추, 홍고추, 참기름을 넣고
  마무리한다.

바지락, 순두부 넣기 1

양념장 넣기 2

COOK TIP

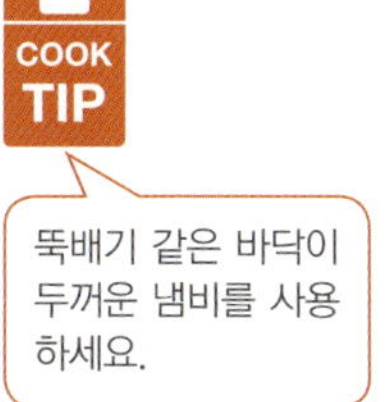

뚝배기 같은 바닥이
두꺼운 냄비를 사용
하세요.

뚜껑 닫고 끓이기 3

참기름 넣기 4

part 3

ONE + TWO

두부에 두 가지 재료만 더하면 완성!

두부+굴+무 ▶ 두부양념굴밥 | 굴국 | 굴무침을 곁들인 두부

두부+새우+달걀 ▶ 새우탕 | 두부소면 | 두부달걀찜

두부+오징어+부추 ▶ 오징어순대 | 오징어두부비빔밥 | 오징어섞어찌개

순두부+햄+달걀 ▶ 순두부마요네즈샐러드 | 순두부오믈렛 | 햄순두부찌개

두부+브로콜리+양파 ▶ 두부쌀국수볶음 | 두부스테이크 | 브로콜리수프

두부+돼지고기+고추 ▶ 돼지고기두부두루치기 | 한국식 마파두부 | 두부돼지고기전골

두부+참치+양배추 ▶ 두부양배추쌈밥 | 두부쌈장 | 두부참치동그랑땡

비지+김치+바지락 ▶ 콩비지칼국수 | 비지조개찌개 | 비지김치부침개

두부양념굴밥

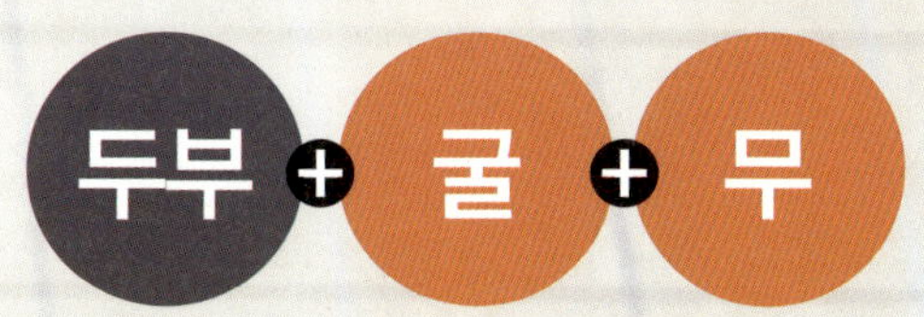

굴을 구입할 때는 굴이 담긴 봉지 안 물이 깨끗한 것을 선택하세요.
요리에 사용하고 남은 굴이 있다면 깨끗이 헹군 후 물기를 제거하고,
한 번에 사용할 만큼씩 나눠 냉동실에 보관하는 것이 좋아요.
요리할 때마다 하나씩 꺼내 언 상태 그대로 사용하면 편리하거든요.
굴과 무로 시원한 국물 맛을 내고, 두부로 담백한 맛을 더한 메뉴들을 소개합니다.

굴국

굴무침을 곁들인 두부

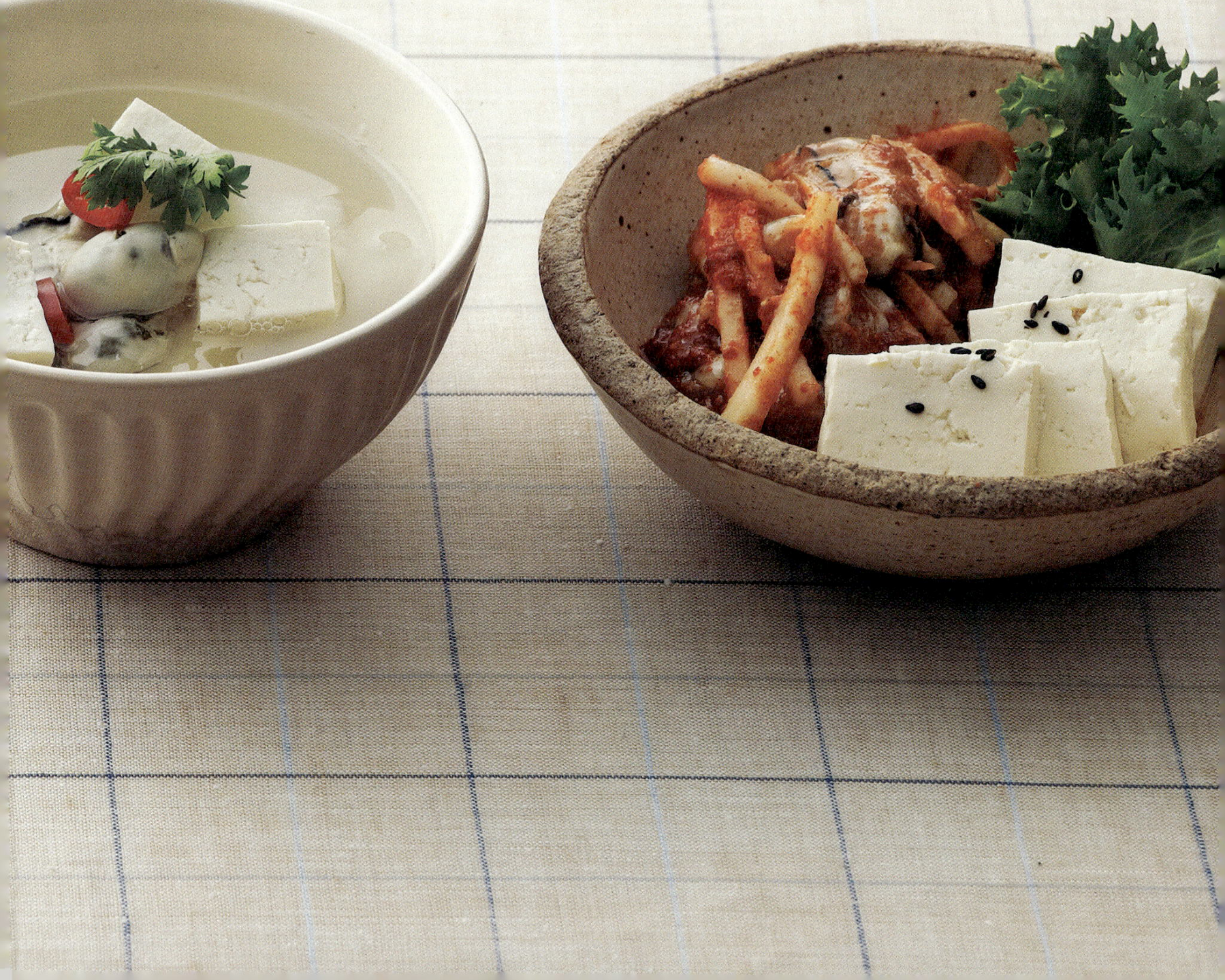

두부양념굴밥

READY

굴 ⋯ 100g	**양념**
무 ⋯ 1개(두께 3cm)	두부 ⋯ 1/8모
불린 쌀 ⋯ 2/3컵	간장 · 맛술 ⋯ 2큰술씩
다시마 ⋯ 1장(사방 5cm)	고춧가루 ⋯ 1작은술
	양파 ⋯ 1/8개
	다진 쪽파 ⋯ 1/2큰술

HOW TO MAKE

1 무는 곱게 채 썰어 뚝배기 밑에 깔아 둔다.
2 여기에 불린 쌀과 다시마, 물을 넣고 밥을 짓는다.
3 밥이 80% 정도 되었을 때, 위에 굴을 얹고 뚜껑을
　닫아 밥을 완성한다.
4 두부는 칼등으로 으깨고, 양파는 곱게 채 썰어 분
　량의 양념 재료와 함께 섞어 곁들여 낸다.

뚝배기 밑에 무채 깔기   1

불린 쌀 얹기   2

COOK TIP

무에서 충분한 수분이 배여 나와요. 그러니 밥
물은 평소보다 조금만 줄여주세요. 쌀과 같은
높이가 되도록 붓는 것이 좋답니다.

밥 위에 굴 얹고 뚜껑 닫기   3

양념장에 두부 넣어 섞기   4

굴국

두부 … 1/4모

굴 … 200g

무 … 1개(두께 3cm)

다시마 … 2장(사방 5cm)

홍고추 … 약간

국간장 … 1큰술

다진 마늘 … 1작은술

쑥갓 … 약간

소금 · 후추 … 약간씩

HOW TO MAKE

1 무는 납작하게 사각썰고, 두부는 한입 크기로 자른다.

2 물 4컵에 무와 다시마를 넣고 끓이다가 10분 후에 다시마만 건져낸다.

3 무가 익어서 투명한 빛깔을 띠면 굴과 두부를 넣고 한소끔 끓인 후 다진 마늘, 국간장, 소금, 후추로 간한다.

4 완성되면 위에 쑥갓과 송송 썬 홍고추를 얹어 낸다.

이지 쿠킹 **두부**

굴무침을 곁들인 두부

HOW TO MAKE

1 무를 곱게 채 썰어 분량의 양념에 버무려 둔다.
2 무에 양념 맛이 배면 굴을 넣고 가볍게 버무린다.
3 두부는 끓는 물에 가볍게 데친 다음 한입 크기로
　잘라 굴무침, 쑥갓을 곁들여 함께 낸다.

두부 + 새우 + 달걀

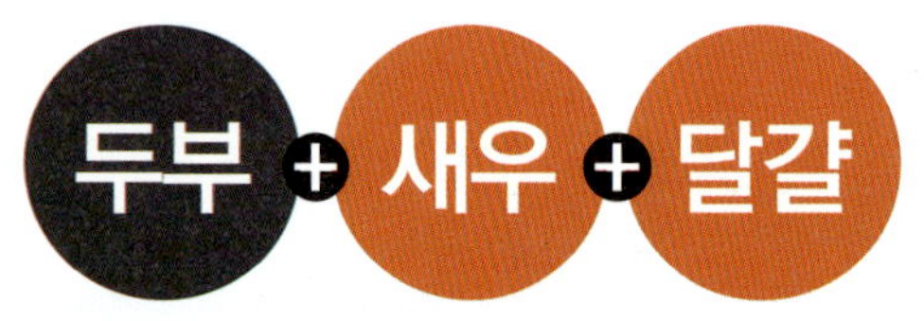

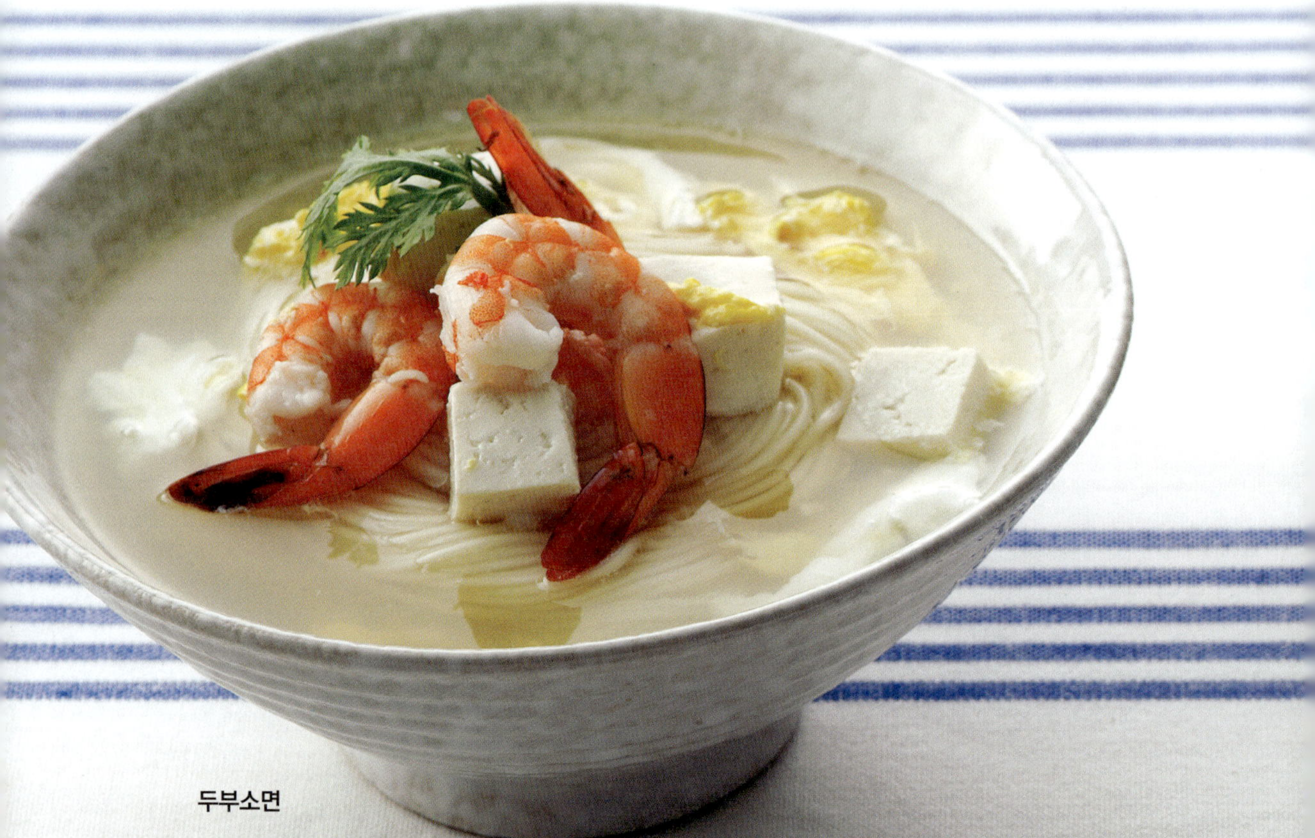

두부소면

부드러운 식감을 지닌 두부와 달걀에 새우를 더해보았어요.
와, 맛은 물론이고 식감과 요리의 색감까지 업그레이드 되었네요!
편식하는 아이들 메뉴로도 이만한 것이 없죠.
일반 두부를 포함해 생식두부, 연두부, 순두부 등 어떤 종류의 것을
사용해도 상관없어요. 전부 다 맛있답니다.

새우탕
두부달걀찜

새우탕

 READY

두부 ⋯ 1/4모	다시마 ⋯ 2장(사방 5cm)
새우 ⋯ 10마리	국간장 ⋯ 1큰술
달걀 ⋯ 1개	물전분 ⋯ 2큰술
쪽파 ⋯ 1개	소금 · 후추 ⋯ 약간씩
다시용 멸치 ⋯ 1/2줌	

HOW TO MAKE

1 물 3½컵에 멸치와 다시마를 넣고 10분간 끓인 후, 멸치와 다시마를 건져낸다.

2 두부는 한입 크기로 잘라 새우와 함께 **1**의 육수에 넣고 끓인다.

3 여기에 달걀을 풀어 넣은 후 국간장, 소금, 후추로 간한다.

4 물전분으로 농도를 걸쭉하게 낸다.

육수 만들기 1

두부와 새우 넣기 2

달걀 풀기 3

물전분으로 농도 내기 4

COOK TIP

물전분은 「**물 : 전분 가루(감자, 고구마, 옥수수)** = 1 : 1」로 섞은 것을 말합니다. 센 불에서 농도를 봐가며 전분 가루를 조금씩 넣고 재빨리 섞어 주어야 깔끔하게 완성되지요.
채소는 어떤 것을 사용해도 좋아요. 종류에 구애받지 말고 냉장고에 남아있는 것들을 넣으세요.

두부소면

READY

두부 … 1/4모	다시용 멸치 … 1/2줌
소면 … 1인분	다시마 … 2장(사방 5cm)
새우 중하 … 5마리	국간장 … 1큰술
달걀 … 1개	소금 · 후추 … 약간씩
쑥갓 … 약간	

HOW TO MAKE

1 두부는 한입 크기로 자르고, 새우는 머리와 껍질을 제거하고, 소면은 끓는 물에 삶아 준비한다.

2 물 3컵에 멸치와 다시마를 넣고 10분간 끓인 후, 멸치와 다시마를 건져낸다.

3 여기에 새우와 두부를 넣고 한소끔 끓인 후, 달걀을 풀어 넣는다.

4 마지막으로 국간장, 소금, 후추로 간하여 삶아둔 소면 위에 부은 후 쑥갓을 얹어 낸다.

두부달걀찜

🧺 READY

두부 ⋯ 1/4모	양파 ⋯ 1/4개
달걀 ⋯ 3개	쪽파 ⋯ 2대
칵테일 새우 ⋯ 4마리	소금 · 참기름 ⋯ 약간씩

🍳 HOW TO MAKE

1 양파와 쪽파는 곱게 다지고, 두부는 사방 1cm 크기로 사각썰기한다.
2 달걀을 풀고 여기에 양파, 쪽파를 넣어 섞은 후, 소금으로 간하여 뚝배기에 넣는다.
3 중불에서 끓이다가 끓기 시작하면 잘라놓은 두부와 새우를 얹고 약불로 줄여 익힌다.
4 마지막으로 참기름을 뿌려 낸다.

오징어섞어찌개

오징어의 쫄깃쫄깃한 식감에 두부의 부드러움이 더해졌습니다.
이 두 가지 재료만으로는 뭔가 부족한 느낌이죠?
그렇다면 여기에 파릇하고 상큼한 부추를 더해볼까요?
생각만 해도 입안에 군침이 도는 것 같아요.
색과 맛이 업그레이드 된 식탁에서 풍성한 식사를 즐겨보세요.

오징어두부비빔밥
오징어순대

오징어순대

🍲 READY

두부 … 1/4모	**양념**
오징어 … 1마리	간장 · 물엿 · 맛술 …
양파 … 1/3개	2큰술씩
당근 … 1/6개	굴소스 … 1작은술
부추 … 1줌	물 … 1컵
참기름 · 소금 · 후추 …	후추 … 약간
약간씩	

🍳 HOW TO MAKE

1 두부는 칼등으로 으깬다. 오징어는 내장과 껍질을 제거하고, 다리만 곱게 다져 준비해둔다.

2 곱게 다진 양파, 당근, 부추, 으깬 두부, 다진 오징어 다리를 넣고 참기름, 소금, 후추로 간하여 버무린다.

3 오징어 몸통 안에 **2**를 채워 넣는다.

4 이쑤시개 같은 뾰족한 막대기로 내용물이 빠져나가지 못하도록 고정시켜 입구를 막은 후, 찜통에서 10분간 찐다.

5 냄비에 분량의 양념 재료와 오징어를 넣고 윤기나게 조린다.

COOK TIP

꼭 레시피에 적힌 양념장이 아니더라도 집에 있는 초고추장과 함께 곁들이면 요리를 맛있게 즐길 수 있답니다. 양념장으로 할 경우에는 조리는 동안 틈틈이 오징어에 양념을 끼얹어주세요. 그래야 몸통 전체에 윤기가 돌고 먹음직스럽게 색이 입혀진답니다.
또 이쑤시개로 오징어순대 입구를 막을 때는 1cm 정도의 여유를 두는 것 잊지 마세요!

두부 으깨기

오징어 속 재료 곱게 다지기 1

간한 뒤 버무리기 2

오징어 몸통 안에 재료 채우기 3

이쑤시개로 고정하기 4

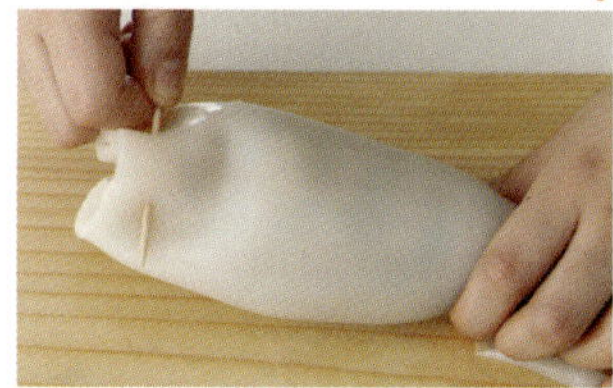

양념에 조리기 5

오징어두부비빔밥

🛍 READY

두부 … 1/4모	**양념**
부추 … 1줌	간장 · 맛술 … 2큰술씩
오징어(몸통 부분) …	참기름 · 고춧가루 …
1/2마리	2작은술씩
밥 … 1공기	설탕 · 다진 마늘 …
참기름 … 1/2큰술	1작은술씩
양파 … 1/6개	참깨 … 약간

🍲 HOW TO MAKE

1 두부는 칼등으로 으깬 후 물기를 제거하고, 오징어는 얇게 채 썰어 가볍게 데친다.

2 부추는 3cm 길이로 자르고, 양파는 곱게 채 썰어 분량의 양념으로 섞어둔다.

3 밥 위에 두부, 부추, 오징어를 올린 후 양파 양념장을 얹는다.

4 참기름을 뿌려 낸다.

오징어섞어찌개

🍚 READY

두부 … 1/2모

오징어 … 1마리

대파 … 1대

무 … 1개(두께 3cm)

양파 … 1/4개

청양고추 · 홍고추 …
　1개씩

부추 … 1/2줌

다시마 … 2장(사방 5cm)

양념

고춧가루 … 2큰술

고추장 · 맛술 · 국간장 …
　1큰술씩

다진 마늘 … 1작은술

소금 · 후추 … 약간씩

🍲 HOW TO MAKE

1 두부는 한입 크기로 자르고, 양파는 채 썰고, 청양
고추 · 홍고추 · 대파는 어슷썰고, 부추는 5cm 길
이로 자른다.

2 오징어 몸통은 링으로, 다리는 6cm 길이로 자른다.

3 물 4컵에 납작하게 사각썰기한 무와 다시마를 넣
고 끓이다가 10분 후에 다시마만 건져낸다.

4 여기에 양념을 넣고 한소끔 끓인 후 미리 잘라둔
오징어와 두부를 넣는다.

5 양파, 청양고추, 홍고추, 대파를 넣고 소금과 후추
로 나머지 간을 맞춘 뒤, 부추를 얹어 낸다.

햄순두부찌개
순두부마요네즈샐러드

순두부 + 햄 + 달걀

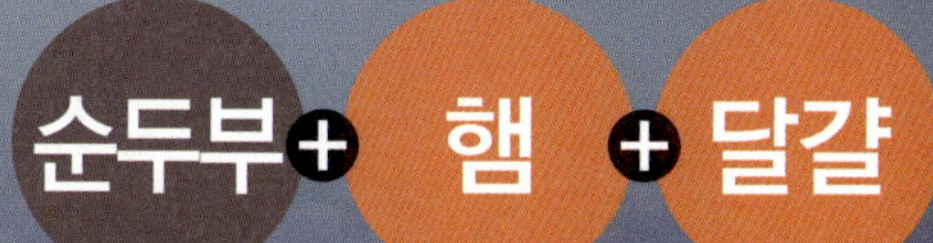

순두부는 찌개에만 넣어 먹는다는 고정관념은 버리세요.
순두부를 넣은 오믈렛, 순두부가 곁들여진 샐러드 요리 등 다양한 곳에 응용할 수 있거든요.
약간의 양념장을 첨가해 그냥 먹어도 맛있죠. 부드러운 순두부에 아이, 어른 할 것 없이
누구나 좋아하는 햄과 달걀을 넣어 요리를 만들어봤어요.
이 맛있는 재료들의 조합은 오늘 저녁, 근사한 요리로 변신해 당신의 밥상을 습격할겁니다!

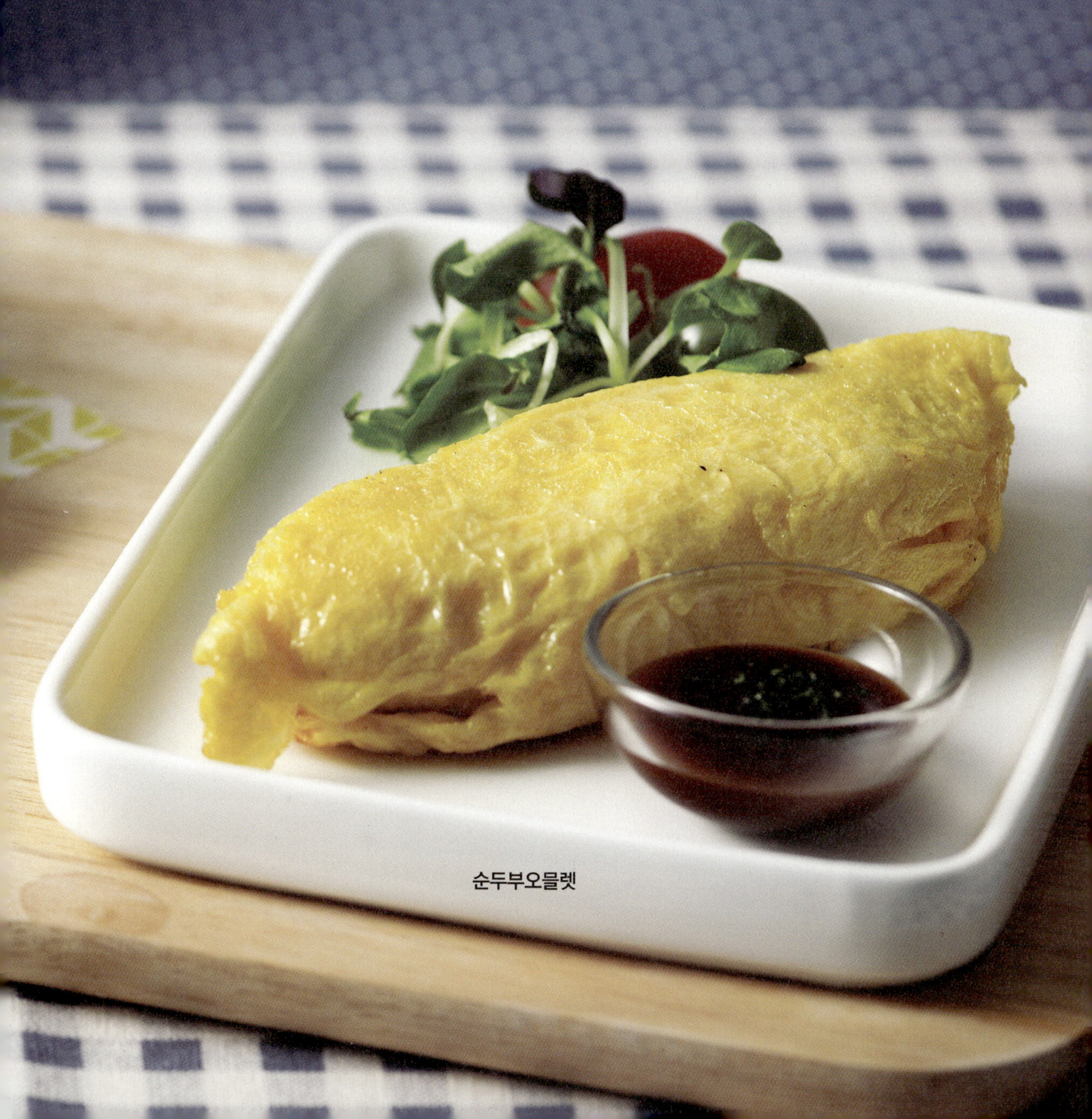

순두부오믈렛

순두부마요네즈샐러드

🍲 READY

슬라이스 햄 ⋯ 5장

삶은 달걀 ⋯ 3개

다진 양파 ⋯ 3큰술

파슬리 가루 · 후추 ⋯
　약간씩

순두부 마요네즈
(p.26의 두부마요네즈 레시피
중 과정 부분만 참고하세요.)

순두부 ⋯ 1/3봉지(100g)

오일 ⋯ 3큰술

식초 ⋯ 2큰술

설탕 ⋯ 2작은술

소금 · 후추 ⋯ 약간씩

😋 HOW TO MAKE

1 달걀은 삶아서 듬성듬성 잘라두고 슬라이스 햄은
곱게 다진다.

2 분량의 마요네즈 재료를 믹서로 곱게 간다.

3 달걀, 다진 양파, 다진 햄에 두부마요네즈를 넣고
가볍게 버무린다.

4 위에 파슬리 가루와 후추를 뿌려 낸다.

재료 넣고 믹서로 갈기 2

파슬리 가루 뿌리기 4

순두부오믈렛

🍳 READY

순두부 … 1/3봉지　　달걀 … 2개

양파 … 1/4개　　우유 … 3큰술

슬라이스 햄 … 2장　　오일 · 소금 … 약간씩

🍳 HOW TO MAKE

1 순두부는 곱게 으깨고, 양파와 슬라이스 햄은 잘게 다진다.

2 달걀에 우유를 넣어 풀어준 후 소금으로 간한다.

3 오일을 두른 팬에 순두부, 양파, 햄을 넣고 볶다가 **2**의 달걀을 넣어 스크램블 한다.

4 팬의 옆면을 이용하여 오믈렛 모양을 만든다.

햄순두부찌개

 READY

순두부 … 1/2봉지	고추기름 … 1큰술
슬라이스 햄 … 5장	고춧가루 … 2큰술
달걀 … 1개	다진 마늘 … 1작은술
대파 … 1대	국간장 … 1/2큰술
양파 … 1/4개	소금 · 후추 … 약간씩
풋고추 · 홍고추 … 1개씩	

HOW TO MAKE

1 양파는 굵게 채 썰고 대파, 풋고추, 홍고추는 어슷 썬다.
2 뚝배기에 고추기름과 고춧가루를 넣고 볶다가 햄을 넣는다.
3 물 1½컵을 넣고 한소끔 끓인 후 순두부, 양파, 풋고추, 홍고추, 다진 마늘, 대파를 넣는다.
4 국간장, 소금, 후추로 간을 한 후 달걀을 얹어 반숙하여 낸다.

COOK TIP 고추기름이 없다면 참기름 또는 들기름으로 대체해도 좋습니다.

두부스테이크
두부쌀국수볶음

고기가 없어도 괜찮습니다!
두부로 만든 담백하고 고소한 맛의 스테이크가 있으니까요.
다이어트에 번번이 실패하는 분들과
채식주의자를 위한 식단에 꼭 추천하고 싶은 메뉴이기도 해요.
두부로도 이렇게 근사한 요리가 가능하다니!

두부 쌀국수볶음

🥘 READY

두부 … 1/4모	다진 마늘 · 참기름 … 1/2큰술씩
쌀국수 … 1인분	오일 · 소금 · 후추 … 약간씩
달걀 … 1개	
양파 … 1/4개	**양념**
브로콜리 송이 … 5개	굴소스 · 올리고당 … 1큰술씩
베이컨 … 2장	간장 · 피시소스 … 1작은술씩

🍳 HOW TO MAKE

1 두부는 칼등으로 입자감이 살도록 으깨고, 양파와 베이컨은 굵직하게 채 썰고, 브로콜리는 송이송이 떼어 준비한다.

2 달걀을 풀어 소금으로 간하고, 쌀국수는 삶아서 준비한다.

3 오일을 넉넉히 두른 팬에 풀어둔 달걀을 넣어 튀기듯이 볶다가 건진다.

4 팬에 다진 마늘과 양파, 브로콜리, 베이컨, 두부를 올려 각각 섞이지 않도록 주의하며 볶는다.

5 4에 쌀국수를 넣고 버무리듯이 볶는다. 여기에 분량의 양념을 부어서 재빨리 볶는다.

6 마지막으로 미리 볶아둔 달걀을 넣고, 참기름, 소금, 후추로 나머지 간을 한다.

COOK TIP

피시소스가 없다면 멸치액젓을 사용하세요. 또 5번 과정에서 쌀국수 면을 넣은 뒤 센 불에서 재빨리 볶아주세요. 면이 금새 불기 때문에 센 불에서 빨리 볶아야 합니다.

달걀 볶기 3

재료 각각 볶기 4

쌀국수 넣기

양념 넣고 빠르게 볶기 5

볶은 달걀 넣기 6

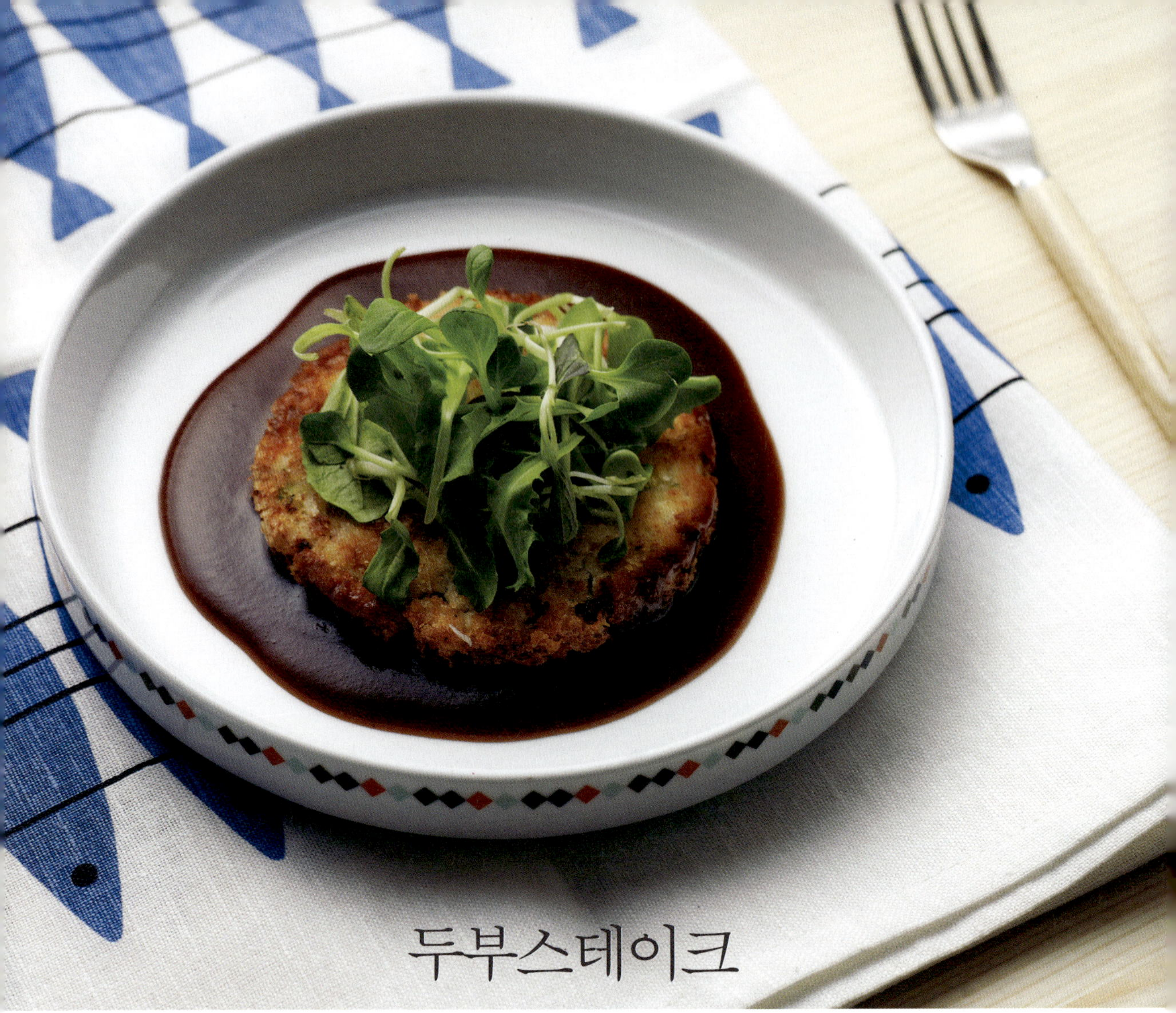

두부스테이크

READY

두부 … 1모	어린잎 채소 … 1줌
브로콜리 … 1/6개	오일 · 소금 · 후추 …
베이컨 … 3장	약간씩
양파 … 1/2개	시판용 스테이크소스 …
빵가루 … 약간	약간

HOW TO MAKE

1 두부는 칼등으로 으깨고 브로콜리, 베이컨, 양파는 곱게 다진다.

2 으깬 두부와 다져둔 브로콜리, 베이컨, 양파에 소금과 후추로 간을 하고, 빵가루로 농도를 맞춰 반죽을 한다.

3 반죽을 스테이크 형태로 동그랗게 만들어 준 후, 오일을 두른 팬에 올려 노릇하게 굽는다.

4 스테이크 위에 어린잎 채소를 올리고, 스테이크 소스를 뿌려 낸다.

두부스테이크를 만들 때는 쉽게 부서지지 않도록 빵가루로 농도를 되직하게 내주세요. 스테이크를 지나치게 크게 만들면 모양이 흐트러질 수 있으니 뭐든지 적당한 크기가 좋아요!

브로콜리수프

READY

두부 … 1/4모

브로콜리 … 1/6개

베이컨 … 1장

우유 … 1컵

생크림 … 1/2컵

다진 양파 … 3큰술

버터 · 파마산 치즈가루 … 1큰술씩

소금 · 후추 … 약간씩

HOW TO MAKE

1 브로콜리는 송이송이 떼어내고, 두부는 칼등으로 으깬다.

2 버터에 다진 양파를 넣어 향을 낸 후, 브로콜리와 두부를 넣고 볶는다.

3 여기에 우유와 생크림을 넣고 한소끔 끓이다가 도깨비 방망이를 이용해서 모든 재료를 곱게 갈아준다.

4 소금, 후추, 파마산 치즈가루로 간을 하고 바삭바삭하게 구운 베이컨을 곁들여 낸다.

돼지고기두부두루치기

한국식 마파두부

두부돼지고기전골
두부 + 돼지고기 + 고추
두부는 돼지고기의 콜레스테롤 수치를 낮춰주는 역할을 해요.
단연 이 둘은 환상의 콤비라 할 수 있겠죠?
여기에 고추로 비타민까지 보충해준다면 금상첨화!
궁합이 끝내주는 3가지 재료의 절묘한 만남입니다.

돼지고기두부두루치기

🍲 READY

두부 … 1/2모	**양념**
돼지고기(목심 or 삼겹살) … 300g	고추장 · 맛술 … 3큰술씩
양파 … 1/4개	간장 · 설탕 · 다진 파 … 1큰술씩
풋고추 · 홍고추 … 1개씩	다진 마늘 · 참기름 … 1작은술씩
깻잎 … 5장	후추 … 약간
오일 … 약간	

🍳 HOW TO MAKE

1 두부는 한입 크기로 자르고, 양파는 채 썰고, 고추는 어슷썰고, 실파는 4cm 길이로 자른다.

2 돼지고기를 얇게 편 썰어 양념의 1/2 분량과 함께 버무려 놓는다.

3 오일을 두른 팬에 돼지고기를 먼저 볶는다.

4 여기에 남은 절반의 양념과 두부를 넣고 가볍게 볶는다.

5 미리 썰어둔 풋고추와 홍고추, 깻잎을 넣어 볶은 후 마무리한다.

돼지고기 양념 만들기 2

돼지고기 볶기 3

COOK TIP

세게 볶으면 두부가 부서질 수 있어요. 부서지면 모양도 식감도 좋지 않겠죠? 아이 다루듯이 가볍게 살살 볶아 주세요.

두부 넣고 볶기 4

나머지 채소 넣고 볶기 5

한국식 마파두부

두부 ⋯ 1/3모	**양념**
다진 돼지고기 ⋯ 50g	고추장 · 고추기름 ⋯
양파 ⋯ 1/6개	1큰술씩
청양고추 ⋯ 2개	된장 ⋯ 1/2큰술
홍고추 ⋯ 1개	설탕 ⋯ 1작은술
쪽파 ⋯ 2대	물전분 ⋯ 1큰술
밥 ⋯ 1공기	참기름 ⋯ 약간

HOW TO MAKE

1 양파, 청양고추, 홍고추는 입자감이 살도록 다지고, 두부는 사방 1cm 크기로 자른다.

2 고추기름을 두른 팬에 돼지고기와 양파를 볶는다.

3 여기에 된장, 고추장, 설탕을 넣고 함께 볶다가 물 2/3컵을 붓고 한소끔 끓인다.

4 물전분을 넣어 농도를 낸 후, 잘라둔 두부와 참기름을 넣고 가볍게 섞는다.

5 밥 위에 **4**를 얹고 송송 썬 쪽파를 뿌려 낸다.

물전분은 『물 : 전분 가루(감자, 고구마, 옥수수) = 1 : 1』로 섞은 것을 말합니다. 센 불에서 농도를 봐가며 전분 가루를 조금씩 넣고 재빨리 섞어주어야 깔끔하게 완성되지요.
채소는 어떤 것을 사용해도 좋아요. 종류에 구애받지 말고 냉장고에 남아있는 것들을 넣으세요.

COOK TIP 고추기름 대신 일반 다른 종류의 오일로 대체해도 좋아요. 된장, 고추장, 설탕을 넣은 후 약불에서 충분히 볶아 주어야 맛이 제대로 난답니다.

COOK TIP

이지 쿠킹 **두부**

두부돼지고기전골

READY

두부 ··· 1/2모

돼지고기(목심 or 등심) ···
　　200g

대파 ··· 1대

양파 ··· 1/4개

풋고추 · 홍고추 ··· 1개씩

고추기름 ··· 1큰술

고춧가루 ··· 2큰술

다진 마늘 ··· 1작은술

미나리 ··· 한줌

국간장 ··· 2작은술

소금 · 후추 ··· 약간씩

돼지고기 양념

간장 · 참기름 ···
　　1/2큰술씩

다진 마늘 ··· 1작은술

후추 ··· 약간

HOW TO MAKE

1 돼지고기는 얇게 편 썰어 양념에 버무려 놓는다.

2 양파는 굵게 채 썰고, 대파와 풋고추 · 홍고추는
　어슷썰고, 두부는 한입 크기로 자른다.

3 고추기름을 두른 뚝배기에 먼저 돼지고기를 넣고
　볶다가 고춧가루를 넣는다.

4 돼지고기가 익으면 물 3컵을 넣고 끓인 후 두부,
　양파, 풋고추, 홍고추, 다진 마늘, 국간장을 넣고
　한 번 더 끓인다.

5 5cm 길이로 자른 미나리와 대파를 넣고 소금과 후
　추로 나머지 간을 한다.

두부 + 참치 + 양배추

두부와 참치, 양배추만 있다면 든든한 도시락 한 세트가 완성됩니다.
양배추쌈밥에 곁들여 먹을 부드러운 쌈장과 두부와 참치로 만든 동그랑땡까지
반찬으로 준비한다면 누구나 부러워 할 우리 집 건강 도시락이 탄생됩니다!

두부쌈장
두부양배추쌈밥

두부양배추쌈밥

🍲 READY

두부 … 1/4모	실파 … 3대
양배추 … 5장	간장 … 1큰술
참치(小) … 1/2캔	설탕 … 1작은술
밥 … 1공기	오일 · 소금 · 후추 …
다진 양파 … 3큰술	약간씩

🍳 HOW TO MAKE

1 두부와 참치는 칼등으로 곱게 으깨고, 양배추는 통째로 부드럽게 쪄서 준비한다.

2 오일을 두른 팬에 다진 양파를 넣고 볶다가 두부와 참치를 넣는다.

3 여기에 밥을 넣고 고슬고슬하게 볶아준 후 간장, 설탕, 송송 썬 실파를 넣는다.

4 쪄둔 양배추 잎에 3의 밥을 넣고 돌돌 말아준다.

두부쌈장

🍲 READY

두부 … 1/4모	**양념**
양배추 … 2장	고추장 … 3큰술
다진 양파 … 2큰술	된장 … 2큰술
참치(小) … 1/2캔	설탕 · 참기름 …
실파 … 3대	2작은술씩
오일 … 약간	

🍳 HOW TO MAKE

1 두부는 칼등으로 곱게 으깨두고, 양배추는 입자감이 살도록 다진다.

2 오일을 두른 뚝배기에 양파와 양배추를 넣어 먼저 볶다가 다음으로 된장, 고추장, 설탕을 넣고 볶아준다.

3 여기에 물 1컵을 넣고 센 불에서 끓인다.

4 국물이 반으로 줄어들면 두부와 참치를 넣고 졸인 후, 참기름과 송송 썬 실파를 얹어 낸다.

COOK TIP 양배추는 찌는 대신 비닐봉지에 넣어 전자레인지에서 3~4분 이상 돌려 익혀도 된답니다. 이때 양배추의 두꺼운 심지 부분은 도려내야지 쌈을 쌀 때 잘 말려요.

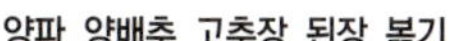

양파, 양배추, 고추장, 된장 볶기 **2**	물 넣기 **3**	두부, 참치 넣어 조리기 **4**

두부참치동그랑땡

🥣 READY

두부 … 1/2모	**양념간장**
참치(小) … 1캔	간장 … 2½큰술
양배추 … 3장	맛술 · 물엿 … 2큰술씩
달걀 … 2개	생강즙 · 전분 가루 …
다진 양파 … 3큰술	1작은술씩
실파 … 3대	물 … 1/4컵
소금 · 후추 … 약간씩	

🍳 HOW TO MAKE

1 두부는 곱게 으깨어 따로 두고, 양배추는 다진 후 오일 두른 팬에 소금 간하여 가볍게 볶는다.

2 볼에 볶은 양배추, 두부, 참치와 다진 양파를 넣고 소금과 후추로 간하여 섞는다.

3 반죽을 동그랗게 만든 후 달걀물을 입혀 노릇하게 굽는다.

4 분량의 양념간장 재료를 섞어 한소끔 끓인 후, 동그랑땡을 넣고 윤기나게 조린다.

양배추 볶기 1

재료 간해서 섞기 2

COOK TIP

마지막 단계에서 양념 간장에 조리는 것을 생략했다면, 대신 동그랑땡 먹을 때 곁들여 찍어 먹어도 좋아요.

반죽 동그랗게 만들어 굽기 3

끓인 양념간장에 넣어 조리기 4

요즘 마트에 가면 진공팩에 포장되어 판매하는 비지를 볼 수 있을 거예요.
제품에 따라 팩 안에 담긴 물의 양이 다르니, 일단 책에 나오는 레시피를 따라할 때는
과감히 그 안의 물을 버리고 정해진 분량만큼만 넣어주세요.
오래 끓이기보다는 한소끔 부르르 끓여 따뜻할 때 먹어야 맛이 좋답니다.

비지조개찌개

콩비지칼국수

비지김치부침개

콩비지칼국수

 READY

콩비지 … 1/2컵	양파 … 1/4개
종종 썬 김치 … 1컵	어슷 썬 청양고추 · 홍고추 … 약간씩
바지락 … 200g	
칼국수 … 1인분	국간장 … 1/2큰술
다시용 멸치 … 1/2줌	김치 국물 … 5큰술
다시마 … 1장(사방 5cm)	소금 · 후추 … 약간씩

HOW TO MAKE

1 물 4컵에 멸치, 다시마, 종종 썬 김치, 바지락을 넣고 끓인다.

2 10분 후에 멸치와 다시마는 건져낸다.

3 김치가 투명해지면 김치 국물, 콩비지, 채 썬 양파를 넣고 끓인다.

4 칼국수 면을 넣어 끓인다. 국간장, 소금, 후추로 간을 한 후, 청양고추와 홍고추를 넣고 마무리한다.

재료 넣고 끓이기 **1**

김치 국물, 콩비지 넣기 **3**

면 넣기 **4**

READY

콩비지 … 1컵	대파 … 1대
바지락 … 200g	고춧가루 … 1큰술
종종 썬 김치 … 1/2컵	국간장 … 1/2큰술
들기름 … 1큰술	소금 · 후추 … 약간씩
다시마 … 1장(사방 5cm)	다진 마늘 … 1작은술

HOW TO MAKE

1 뚝배기에 들기름을 두른 후, 김치와 고춧가루를 넣고 볶는다.

2 김치가 투명해지면 바지락, 다시마, 물 2½컵을 넣고 끓인다.

3 10분 후 다시마만 건져내고 콩비지를 넣는다.

4 다진 마늘, 국간장, 소금, 후추로 간을 한 후 링으로 썬 대파를 얹고 마무리한다.

비지김치부침개

🛍 READY

비지 … 1컵	청양고추 … 2개
바지락살 … 1/2컵	밀가루 … 1/2컵
김치 … 1/4포기	오일 · 소금 … 약간씩
양파 … 1/4개	

🍳 HOW TO MAKE

1 김치는 소(양념)를 털어 송송 썰어두고, 양파와 청양고추는 입자감이 살도록 다진다.

2 1의 재료와 비지, 바지락살, 소금, 밀가루를 넣고 골고루 섞은 후 물로 농도를 맞춘다.

3 오일을 넉넉하게 두른 팬에서 노릇하게 부쳐 낸다.

COOK TIP 물의 양은 농도를 확인하며 조금씩 넣으세요. 단, 너무 묽지 않아야 합니다. 반죽을 만들 때는 밀가루 대신 부침가루를 사용해도 좋아요.

tofu

part 4

ONE + THREE

두부에 세 가지 재료만
더하면 완성!

두부+호박+감자+양파 ▶ 채식잡채 | 두부카레라이스 | 두부강된장
두부+조개+콩나물+낙지 ▶ 두부해물찜 | 매운두부덮밥 | 조개낙지탕
두부+닭고기+실곤약+표고버섯 ▶ 닭고기냉국 | 두부닭고기덮밥 | 일본식 두부닭고기조림

두부강된장
채식잡채

두부 + 호박 + 감자 + 양파

카레에 두부를 넣는다? 잡채에는 꼭 당면이 있어야 한다?
요리에는 이런 몇 가지 고정관념이 존재하죠. 물론 정석대로 하면 맛은 보장됩니다.
하지만 틀에 박힌 고정관념을 살짝 내려 놓으면 새로운 맛의 세계를 만날 수 있답니다.
부드러운 식감의 대명사 두부와 코끝을 찡하게 하는 카레의 깊은 맛이 합쳐진 요리,
채식주의자를 위한 웰빙 두부잡채, 국물이 자작하게 조려진 강된장 속 야들야들한 두부 요리까지…
상상만 해도 행복해지지 않나요?

두부카레라이스

채식잡채

🍲 READY

두부 … 1모	**양념**
호박 … 1개(길이 5cm)	간장 … 2큰술
감자(小) … 1개	설탕 · 참기름 … 1큰술씩
양파 … 1/2개	참깨 … 1작은술
실파 … 5대	
오일 · 소금 · 후추 … 　약간씩	

🍳 HOW TO MAKE

1 두부는 5cm 길이로 도톰하게 채 썰고, 소금을 약
간 뿌려 놓는다.

2 오일을 두른 팬에 두부를 올려 노릇하게 굽는다.

3 곱게 채 썬 호박, 감자, 양파를 오일을 두른 팬 위
에서 소금과 후추로 간해 각각 볶아내고, 실파는
5cm 길이로 자른다.

4 준비해둔 두부, 호박, 감자, 양파, 실파에 분량의
양념 재료를 넣고 가볍게 버무린다.

두부 채 썰기   **1**

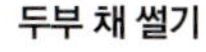

두부 굽기   **2**

COOK TIP

두부는 쉽게 부서지므
로 가급적 부침용 두부
를 사용하고, 가볍게 버
무리도록 하세요. 재료
가 모두 따끈따끈할 때
재빨리 양념에 버무려
야 맛이 배가 됩니다.

감자, 호박, 양파 볶기   **3**

양념에 버무리기   **4**

두부카레라이스

🍚 READY

두부 ··· 1/4모	밥 ··· 1공기
호박 ··· 1개(두께 5cm)	카레분말 ··· 1/4컵
감자(小) ··· 1/2개	오일 ··· 약간
양파 ··· 1/3개	

🍲 HOW TO MAKE

1 두부는 사방 2cm로 사각썰기하고, 호박, 감자, 양파도 같은 크기로 자른다.

2 오일을 두른 팬에 감자, 양파, 호박 순으로 볶다가 물 2컵과 카레분말을 넣고 끓인다.

3 알맞은 농도가 되면 두부를 넣고 가볍게 섞은 후 밥 위에 얹어 낸다.

COOK TIP 두부가 부서지면 모양도 식감도 살지 않아요. 조심조심 가볍게 섞어 주세요.

두부강된장

두부 … 1/4모

호박 … 1개(두께 3cm)

감자(小) … 1/2개

양파 … 1/4개

청양고추 … 2개

다시용 멸치 … 1/3줌

다시마 … 1장(사방 5cm)

된장 … 2큰술

고추장 … 2작은술

다진 마늘 … 1작은술

국간장 … 1작은술

HOW TO MAKE

1 두부는 사방 1cm로 사각썰기하고, 호박, 감자, 양파, 청양고추도 같은 크기로 자른다.

2 물 2½컵에 멸치와 다시마를 넣고 끓이다가 10분 후에 건져낸다.

3 된장과 고추장을 풀어 넣고 호박, 감자, 양파를 넣어 한소끔 끓인다.

4 국물이 자작해지면 두부, 청양고추, 다진 마늘, 국간장을 넣고 부르르 끓여 낸다.

매운두부덮밥
조개낙지탕

두부 + 조개 + 콩나물 + 낙지

조개, 콩나물, 낙지가 지닌 깊고 시원한 맛에 부드러운 두부를 더했습니다.
순하고 말랑말랑한 두부가 양념의 매운 맛을 감싸주고,
더불어 식감과 영양 성분까지 한층 업그레이드!
우리 가족 건강한 식사를 위한 일품요리입니다.

두부해물찜

두부해물찜

 READY

두부 … 1/4모	**양념**
낙지 … 1마리	고춧가루 … 2큰술
모시조개 … 200g	고추장 · 국간장 · 물엿 ·
콩나물 … 1줌	다진 마늘 · 청주 …
청양고추 · 홍고추 …	1큰술씩
1개씩	설탕 … 1작은술
물전분 … 약간	생강즙 … 1큰술
	물 … 1/2컵
	후추 … 약간

🍲 HOW TO MAKE

1 두부는 한입 크기로 자르고, 낙지는 7~8cm 크기
  로 자르고, 청양고추, 홍고추는 어슷하게 썬다.

2 냄비 바닥에 콩나물을 깔고 그 위에 모시조개와
  낙지를 올린다.

3 분량의 양념재료를 섞어 **2**에 얹는다.

4 냄비 뚜껑을 닫고 끓이다가 콩나물과 낙지가 익으
  면 두부와 청양고추, 홍고추를 넣는다.

5 한소끔 끓인 후 물전분으로 농도를 낸다.

COOK TIP

물전분은 「물 : 전분 가루(감자, 고구마, 옥수수)
= 1 : 1」로 섞은 것을 말합니다. 센 불에서 농도를
봐가며 전분 가루를 조금씩 넣고 재빨리 섞어 주
어야 깔끔하게 완성되지요.
채소는 어떤 것을 사용해도 좋아요. 종류에 구애
받지 말고 냉장고에 남아있는 것들을 넣으세요.

콩나물 위에 모시조개, 낙지 얹기 2

양념장 넣기 3

두부 넣기 4

물전분으로 농도 내기 5

매운두부덮밥

🍙 READY

두부 … 1/4모

낙지 … 1마리

모시조개 … 100g

콩나물 … 1줌

밥 … 1공기

청양고추 · 홍고추 …

  1개씩

참기름 … 1작은술

소금 … 약간

양념

고춧가루 … 2큰술

고추장 · 국간장 · 물엿 ·

  다진 마늘 · 맛술 …

  1큰술씩

후추 … 약간

🍲 HOW TO MAKE

1 두부는 한입 크기로 자른다.

2 낙지는 먹기 좋은 크기로 자르고, 청양고추와 홍
고추는 어슷하게 썬다.

3 콩나물은 끓는 물에 살짝 데친 후 참기름과 소금
으로 무친다.

4 오일을 두른 팬에 조개를 볶다가 조개가 열리면
낙지와 분량의 양념을 넣고 재빨리 볶는다.

5 여기에 두부를 넣고 가볍게 섞은 후, 밥 위에 콩나
물과 함께 올려 낸다.

🍲 READY

두부 … 1/4모	국간장 … 1큰술
낙지 … 1마리	다진 마늘 … 1작은술
모시조개 … 200g	다시마 … 2장(사방 5cm)
콩나물 … 1줌	소금 · 후추 … 약간씩
청양고추 … 1개	

🍲 HOW TO MAKE

1 두부는 한입 크기로 자르고 청양고추는 송송 썬다.

2 물 4컵에 모시조개와 다시마를 넣고 끓이다가 10분 후에 다시마만 건져낸다.

3 여기에 콩나물과 두부를 넣고 한소끔 끓인 후 낙지를 넣는다.

4 국간장, 다진 마늘, 소금, 후추로 간을 하고 마지막으로 청양고추를 넣어 마무리한다.

일본식 두부닭고기조림
두부닭고기덮밥

같은 재료, 같은 요리법, 같은 양념을 사용하면서
요리의 형태를 조금씩 변형시켜 보았습니다.
데리야끼 소스로 볶아낸 두부와 닭고기를
덮밥 또는 조림으로 변신시킨 똑똑한 요리입니다.
더 좋은 아이디어가 떠오른다면 과감히 시도해보세요.
요리의 즐거움이 배가 됩니다.

닭고기냉국

닭고기냉국

🍲 READY

두부 ⋯ 1/4모	**다시물 양념**
닭가슴살 ⋯ 2개	국간장 ⋯ 1/2작은술
실곤약 ⋯ 1/2컵	간장 ⋯ 1작은술
표고버섯 ⋯ 2개	식초 · 설탕 ⋯ 1큰술씩
맛술 · 소금 ⋯ 약간씩	연겨자 · 소금 ⋯ 약간씩

다시물

가츠오부시 ⋯ 한줌

다시마 ⋯ 2장(사방 5cm)

🥄 HOW TO MAKE

1. 물 2컵에 닭고기와 맛술을 넣고 끓이다가 닭고기가 익으면 건져낸다.
2. 익은 닭고기는 잘게 찢어 소금으로 간한다.
3. 물 2컵에 다시마를 넣고 끓인 후, 불을 끄고 가츠오부시를 넣는다. 10분 후에 가츠오부시와 다시마를 체에 밭쳐 다시물을 만든다.
4. 다시물 1컵과 닭고기 삶은 물 1컵을 합친 후, 분량의 다시물 양념 재료를 넣어 냉장고에 차게 둔다.
5. 곱게 채 썰고 소금으로 간하여 부드럽게 볶은 표고버섯과 한입 크기로 자른 두부, 닭고기, 실곤약을 함께 그릇에 담는다.
6. 차가워진 양념을 그릇에 부어 낸다.

닭고기 삶기 1

닭고기 찢기 2

가츠오부시 다시물 만들기 3

육수 합쳐 간하기 4

국물 붓기 6

두부닭고기덮밥

READY

두부 … 1/4모

닭고기 안심 … 4개

실곤약 … 1/2컵

표고버섯 … 2개

밥 … 1공기

실파 … 2대

다진 마늘 … 1/2큰술

참기름 … 1작은술

참깨 · 오일 약간씩

양념

간장 · 맛술 … 2큰술씩

설탕 … 2작은술

다시물 … 1/2컵

HOW TO MAKE

1 두부는 사각썰기하고, 닭고기 안심은 4등분한다.

2 표고버섯은 채 썰고, 실파는 송송 썰고, 분량의 양념재료는 미리 섞어둔다.

3 오일을 두른 팬에 다진 마늘을 볶아 향을 낸 후, 닭고기를 넣어 함께 볶는다.

4 표고버섯을 넣은 후 양념을 붓고 한소끔 끓인다.

5 여기에 두부와 실곤약을 넣고 국물이 자작하게 되도록 조린 후 밥 위에 얹는다.

6 마지막으로 위에 실파, 참깨, 참기름을 뿌려 낸다.

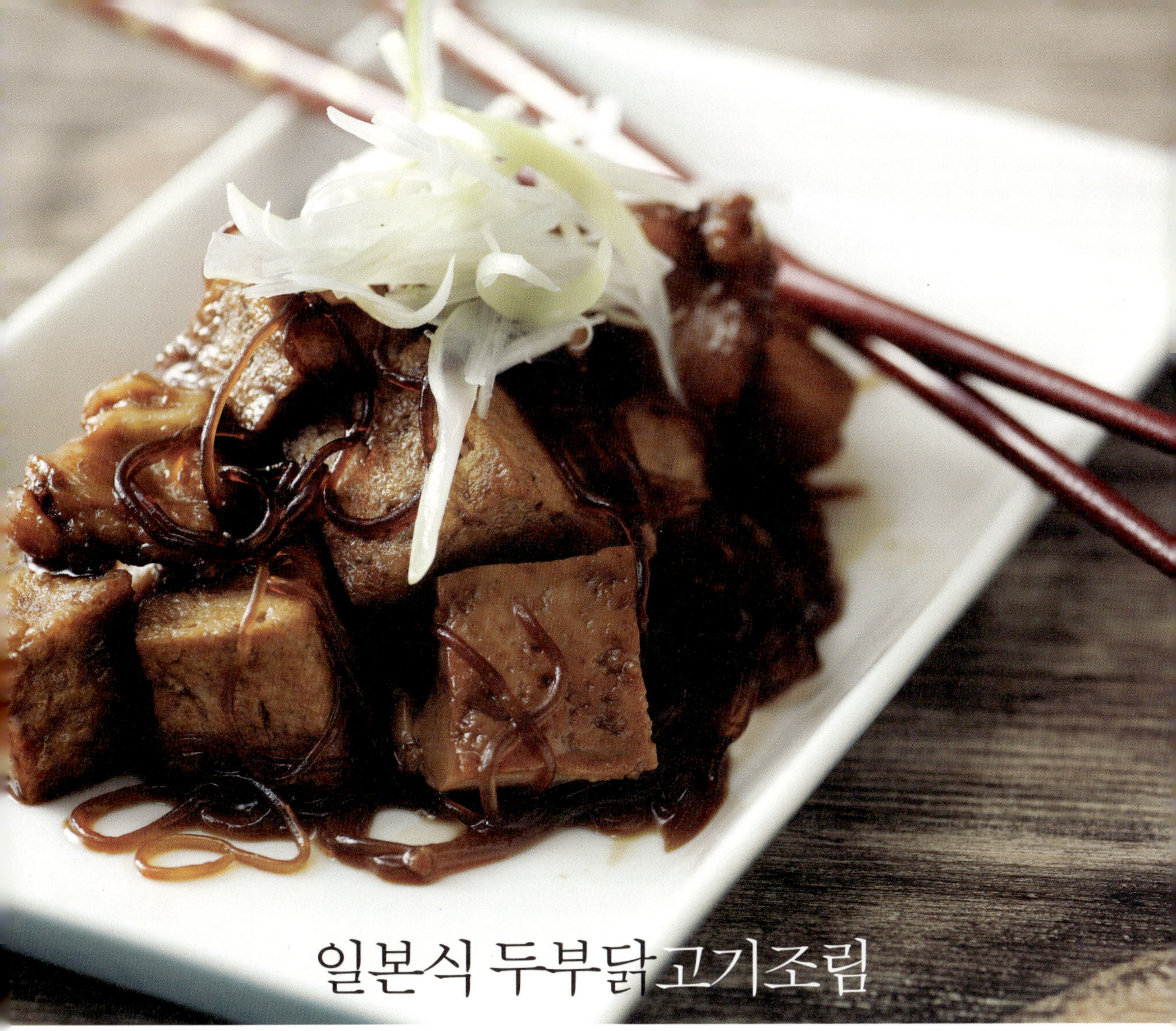

일본식 두부닭고기조림

READY

*두부닭고기덮밥과 같은 재료(밥은 제외), 같은 양념을 사용합니다.

다시물이 없을 경우 물로 대체해도 상관없답니다. 대신 감칠맛과 깊은 맛이 약간 부족해질 수 있으니 가급적이면 다시물을 사용하세요.

HOW TO MAKE

1 두부는 깍두기 모양으로 자르고, 닭고기 안심은 4등분한다.
2 표고버섯은 채 썰고, 실파는 송송 썰고, 분량의 양념재료는 미리 섞어둔다.
3 오일을 두른 팬에 다진 마늘을 볶아 향을 낸 후, 닭고기를 넣어 함께 볶는다.
4 다음으로 표고버섯을 넣은 후 양념을 붓고 한소끔 끓인다.
5 여기에 두부와 실곤약, 참기름을 넣고 국물이 자작하게 되도록 조려 낸다.

part5

AND...

두부로 만든 간식

두부피자 | 두부찹쌀케이크

두부오코노미야끼 | 두부치즈롤

두부주먹밥 | 두부고로케

두부스콘 | 두부경단

두부꼬마김밥 | 채식만두

두부피자

아이들이 피자 먹고 싶다고 아우성인데 사먹는 피자는 안심이 안되고...
마침 냉장고에 두부가 있어요. 그렇다면 두부를 활용해 도우를 만들어보면 어떨까요?
고소하고 영양가 높은 두부로 만든 피자! 아이들이 너무나 좋아할 것 같지 않나요?

READY

두부 … 1모	시판용 토마토소스 … 6큰술
비엔나 소시지 … 8개	피자 치즈 … 1컵
브로콜리 … 약간	오일 · 소금 · 후추 … 약간씩
옥수수콘 … 3큰술	
양파 … 1/4개	

HOW TO MAKE

1 두부는 1cm 두께로 납작하게 편 썰고, 위에 소금을 살짝 뿌린다.
2 오일을 두른 팬에서 노릇해질 때까지 앞뒤로 굽는다.
3 비엔나 소시지는 링으로 썰고, 브로콜리와 양파는 입자감이 살도록 다진다.
4 2의 두부 위에 토마토소스를 넓게 펴 바른 다음, 3의 재료와 옥수수콘, 피자 치즈를 올린다.
5 180℃ 오븐에서 8분간 구워 낸다.

COOK TIP 오븐이 없을 경우에는 전자레인지를 이용해도 좋습니다. 또 입맛에 맞게 김치 혹은 다른 재료를 송송 썰어 얹어도 맛있답니다.

두부찹쌀케이크

어른들께 간식으로 드리면 너무나도 좋은 찹쌀케이크입니다.
바삭바삭한 느낌을 주려면 멥쌀가루를 넣어주세요. 선물용으로도 좋아요.

🍲 READY

두부 … 50g	설탕 … 50g
찹쌀가루 … 100g	소금 … 약간
멥쌀가루 … 50g	견과류 … 한줌
우유 … 2컵	

🍳 HOW TO MAKE

1 두부는 칼등으로 곱게 으깬다.
2 찹쌀가루, 멥쌀가루, 으깬 두부, 설탕에 우유를 넣어 반죽한다.
3 케이크 틀에 유산지를 깔고 1cm 높이까지 반죽을 붓는다.
4 견과류를 얹는다.
5 180℃ 오븐에서 40분간 구운 후, 200℃ 오븐에서 10분간 더 구워준다.

COOK TIP
두부 대신 콩비지를 사용해도 좋아요. 멥쌀가루가 없다면 찹쌀가루 50g를 더 사용하세요. 반죽의 농도는 너무 되직하지 않게, 물엿과 비슷한 정도의 농도로만 맞추면 됩니다.

두부 으깨기 1

반죽하기 2

케이크 틀에 반죽 붓기 3

견과류 얹기 4

오븐에 굽기 5

두부 오코노미야끼

두부로 만든 오코노미야끼 반죽은 더욱 고소하고 영양가도 높아요.
새우 대신 오징어, 베이컨, 소고기 등 어떤 것을 넣어도 좋습니다.

🛒 READY

두부 … 1/4모	**반죽**
양배추 … 3장	부침가루 … 1컵
칵테일 새우 … 10마리	물 … 1컵
오일 · 마요네즈 · 시판용	소금 … 약간
돈까스 소스 · 가츠오부시	
· 파슬리 가루 … 약간씩	

🍳 HOW TO MAKE

1 두부는 칼등으로 곱게 으깨고, 양배추는 곱게 채 썬다.

2 으깬 두부에 부침가루, 소금, 물을 넣어 반죽한다.

3 오일을 두른 팬에 **2**의 반죽과 채 썬 양배추, 새우, 반
죽 순으로 올린다.

4 앞뒤를 노릇하게 구운 후 마요네즈와 돈까스 소스를
뿌린다.

5 마지막으로 가츠오부시와 파슬리 가루를 풍성하게 올
려 낸다.

COOK TIP

시판용 돈까스 소스가 없다면?
몇 가지 재료로 만들어볼 수 있어요.
[케찹 · 우스터 소스 2큰술씩 + 물엿 · 간장 1큰술씩
+ 설탕 1½큰술 + 타바스코 · 맛술 1작은술씩]
위의 재료를 섞은 다음, 한번 끓여서 돈까스 소스 대
신 사용해보세요. 색다른 맛을 경험할 수 있답니다.

두부 으깨기　　　　　　**1**

반죽하기　　　　　　**2**

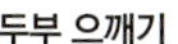
양배추, 새우 올리기　　　　　　**3**

소스 뿌리기　　　　　　**4**

가츠오부시 올리기　　　　　　**5**

두부 치즈롤

두부와 치즈의 환상적인 만남! 여기에 톡톡 튀는 날치알로 포인트를 주었습니다.
아이들 간식이나 안주, 반찬으로 활용하세요. 입안에서 두부와 치즈가 사르르 녹습니다.

🥣 READY

두부 … 1/2모	밀가루 … 3큰술
대구포 … 100g	빵가루 … 1컵
날치알 … 3큰술	오일 … 1컵
슬라이스 치즈 … 2장	소금 · 후추 … 약간씩
달걀 … 1개	

🥢 HOW TO MAKE

1 두부는 칼등으로 곱게 으깬 후 면보로 감싸 물기를 꼭 짜고, 대구포는 곱게 다진다.
2 두부, 대구포에 날치알을 넣고 소금, 후추로 간하여 섞은 후 빵가루로 농도를 맞춘다.
3 김발 위에 비닐랩을 깔고 2와 1cm 두께로 자른 슬라이스 치즈를 올려 돌돌 만다.
4 3에 밀가루, 달걀물, 빵가루 순으로 옷을 입힌다.
5 오일에서 바삭바삭하게 튀겨낸 후 식으면 알맞은 크기로 잘라 낸다.

COOK TIP
슬라이스 치즈 대신 피자치즈를 사용해도 좋아요. 두부치즈롤은 튀기기 편하도록 너무 길지 않게, 10cm 정도로 말아주세요.

두부와 대구포 으깨기 1

재료 섞기 2

김발로 말기 3

튀김옷 입히기 4

튀기기 5

두부주먹밥

두부를 바삭바삭하게 볶아 주먹밥 재료로 사용해 보세요.
소고기보다 더욱 좋은 식감을 느낄 수 있답니다.

🍱 READY

두부 … 1/4모	후리가케 … 2큰술
당근 … 1개(길이 3cm)	참기름 … 1큰술
밥 … 1공기	소금 · 통깨 … 약간씩

🍳 HOW TO MAKE

1 두부는 입자감이 살도록 으깨고 당근은 곱게 다진다.

2 오일을 두른 팬에 으깬 두부와 당근을 넣고 소금으로 간해 각각 볶는다.

3 2의 재료에 밥과 후리가케를 넣고 소금, 참기름, 통깨로 간한다.

4 한입 크기로 동그랗게 모양을 만든다.

COOK TIP
두부는 물기가 없도록 바삭바삭하게 볶아 주세요. 후리가케 대신 김자반을 사용해도 좋습니다.

두부고로케

두부를 좋아하지 않는 아이라도 고로케라고 하면 흔쾌히 먹게 되는 굿 메뉴!
특별히 새우를 넣어 맛을 업그레이드 시켰습니다.

🍲 READY

두부 … 1/2모	달걀물 … 1개 분량
새우 중하 … 5마리	밀가루 … 1/3컵
다진 양파 · 다진	빵가루 … 1컵
당근 · 다진 피망 …	오일 … 1컵
3큰술씩	소금 · 후추 … 약간씩

COOK TIP 새우 대신 소고기나 햄, 참치 등을 넣어 만들어도 맛있답니다.

🍳 HOW TO MAKE

1 두부는 칼등으로 으깬 후 물기를 제거한다.
2 새우는 데쳐서 곱게 다지고, 양파, 당근, 피망은 오일에 살짝 볶아낸다.
3 으깬 두부에 **2**의 재료를 넣고 소금과 후추로 간을 한 후, 빵가루로 농도를 맞춰 동그랗게 빚어준다.
4 밀가루, 달걀물, 빵가루 순으로 옷을 입힌 후 오일에서 노릇하게 튀겨 낸다.

두부스콘

학교를 마치고 돌아온 아이들에게 건네고 싶은 간식거리입니다.
두부를 넣어 영양가를 높인 베이킹 메뉴로 아이들과 함께 만들어도 재미있답니다.

READY

두부 … 1/4모	우유 … 1/4컵
버터 … 40g	달걀노른자 · 소금 …
박력분 … 170g	약간씩
베이킹 파우더 … 1작은술	

HOW TO MAKE

1 박력분과 베이킹 파우더를 곱게 체친다.
2 여기에 버터를 넣고 칼로 잘게 다진다.
3 두부와 우유를 넣어 한 덩어리가 되도록 반죽한다.
4 반죽은 작은 크기로 빚어 팬 위에 올린다.
5 달걀 노른자를 반죽 표면에 바르고 180℃ 오븐에서
  20~25분간 굽는다.

박력분 체치기 1

반죽 빚기 4

버터 넣고 다지기 2

달걀물 바르기 4

두부, 우유 넣어 반죽하기 3

오븐에 굽기 5

두부경단

찹쌀가루에 두부를 넣어 고소한 경단을 만들어 봅시다.
호두와 같은 견과류를 겉에 듬뿍 묻혀주면 아이들 건강 간식으로 제격이겠지요?
식감도 뛰어나고요. 한입에 쏙쏙, 앙증맞은 경단입니다.

READY

두부 … 1/4모	호두 · 흑설탕 … 2큰술
찹쌀가루 … 1컵	참깨 … 2큰술
설탕 … 2큰술	소금 … 약간

HOW TO MAKE

1 두부는 칼등으로 으깨고, 찹쌀가루, 설탕, 소금을
　넣어 함께 반죽한다.
2 호두는 곱게 다져둔다.
3 1의 반죽을 조금씩 떼어내 속에 흑설탕과 참깨를
　넣고, 경단 모양으로 둥글게 빚는다.
4 끓는 물에 넣어 위로 떠오를 때까지 삶다가 건진다.
5 다져둔 호두에 굴려 낸다.

반죽하기　1

호두 다지기　2

흑설탕이나 참깨 대신
시판용 팥배기를 사용해
도 맛있어요.

참깨와 흑설탕 넣기　3

다진 호두에 굴리기　5

두부 꼬마김밥

김밥 속에 햄 대신 두부를 고소하게 부쳐 넣어보세요.
아이들에게 주는 간식으로 영양도 만점. 맛도 만점입니다.

두부 … 1/4모
밥 … 1½공기
구운 김 … 2장
배추 김치 … 2장
오이 … 1/4개

당근 … 1/2개
참기름 … 2큰술
참깨 … 1큰술
오일 · 소금 … 약간씩

COOK TIP 오이는 절인 것을 사용해도 되고, 김치 대신 단무지를 넣어도 좋아요.

HOW TO MAKE

1 두부는 길쭉하고 얇게 썰어 오일을 두른 팬에 노릇하게 구운 뒤, 소금으로 간한다.

2 가볍게 씻은 김치와 오이는 곱게 채 썬다.

3 당근은 채 썰어 오일을 두른 팬에서 소금 간하여 가볍게 볶는다.

4 따뜻한 밥에 참기름, 참깨, 소금을 넣고 버무린다.

5 김을 2등분하고 위의 재료들을 모두 넣어 돌돌 말아 한입 크기로 자른다.

만두 속에 고기가 들어가지 않아도 괜찮아요. 두부가 충분히 고기만큼의 역할을 합니다.
채식주의자를 위한 추천 메뉴, 두부로 만든 만두입니다.

READY

두부 … 1/2모
호박 … 1/4개
표고버섯 … 5개
당근 … 1/4개

참기름 … 2큰술
만두피 … 적당히
소금 · 후추 … 약간씩

HOW TO MAKE

1 두부는 칼등으로 입자감이 살도록 으깬 후 물기를 짠다.

2 호박과 표고버섯은 채 썰고, 당근은 곱게 다져 각각 약간의 소금으로 간하여 가볍게 볶는다.

3 두부, 호박, 표고버섯, 당근을 소금 · 후추로 간하여 버무린다.

4 위의 재료를 만두피에 넣어 모양을 잡은 후 찌거나 삶아 낸다.

TOFU

한 손에 잡히는 이지 쿠킹

두부

RECIPE CARD

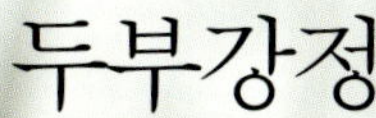

두부강정

두부조림

두부전

두부강정

 **READY**

두부 1/2모, 전분 가루 1/2컵, 오일 1컵, 땅콩 · 소금 약간씩
<u>소스</u> 고추장 · 케찹 1½큰술씩, 올리고당 1큰술, 맛술 2큰술,
물 1/4컵

HOW TO MAKE

1 두부는 사방 2cm 크기로 사각썰기하고, 소금을 약간 뿌려둔다.
2 키친타월로 물기를 제거하고 전분 가루를 가볍게 묻힌다.
3 냄비에 오일을 적당히 붓고 **2**의 두부를 넣어 노릇하게 튀긴다.
4 분량의 소스 재료를 냄비에 넣고 한소끔 끓인 후, 튀긴 두부를 넣어 가볍게 버무려 낸다.

 **COOK TIP**
냉동된 두부를 사용하면 더욱 바삭바삭한 식감을 즐길 수 있어요(p.18 참고).

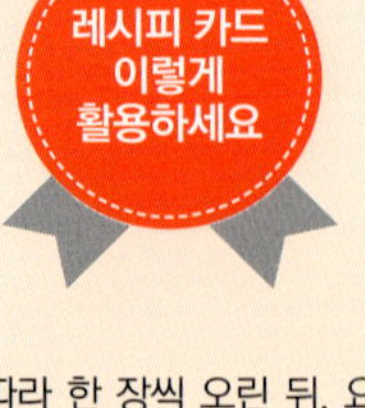

- 절취선을 따라 한 장씩 오린 뒤, 요리할 때 편리하게 사용하세요.
- 레시피 카드 앞면에는 요리 완성 사진, 뒷면에는 재료와 과정 설명이 들어있어요.
- 카드마다 주재료들이 아이콘으로 표시되어 있어 알아보기 쉬워요.
- 책이 구겨지거나 또는 주방에서 보다가 물에 젖는 참사를 막으려면 레시피 카드를 100% 활용하세요. 냉장고나 싱크대, 찬장 등 눈에 잘 띄는 곳에 붙일 수도 있답니다.

두부전

 **READY**

두부 1/2모, 다진 양파 5큰술, 다진 당근 · 다진 실파 3큰술씩, 달걀 2개, 소금 · 후추 · 오일 약간씩

HOW TO MAKE

1 두부는 칼등으로 곱게 으깬다.
2 으깬 두부, 양파, 당근, 쪽파에 달걀을 풀어 넣고, 소금과 후추로 간한다.
3 오일을 넉넉히 두른 팬에 **2**를 노릇하게 부쳐 낸다.

 **COOK TIP**
으깬 두부는 전을 부칠 때 쉽게 부스러질 수 있으니, 처음부터 모양을 작게 만들어 부치는 것이 좋아요.

두부조림

READY

두부 1모, 대파 1대, 양파 1/4개
<u>양념</u> 간장 2큰술, 고춧가루 · 맛술 1큰술씩, 설탕 · 물엿 1/2큰술씩, 다진 마늘 1작은술, 물 1/2컵, 후추 약간

HOW TO MAKE

1 두부는 사방 4cm, 두께 1cm 크기로 자른다. 대파와 양파는 얇게 채 썬다.
2 냄비에 채 썬 대파와 양파를 깔고, 그 위에 두부를 올린 후 양념을 부어준다.
3 뚜껑을 닫고 약불에서 조린다.

 **COOK TIP**
먼저 두부를 오일에 노릇하게 부친 후 사용하세요. 탄력도 훨씬 좋아지고 맛도 진해진답니다.

두부콩국수
아게도후
두부날치알샐러드
두부과자

아게도후

 **READY**

두부 1/2모, 전분 가루 1/2컵, 오일 1컵, 무(갈은 것) · 가츠오부시 · 송송 썬 실파 · 소금 약간씩
맛국물 다시물 1컵, 간장 3큰술, 맛술 4큰술

HOW TO MAKE

1 4등분한 두부에 소금을 약간 뿌린 후 키친타월로 물기를 제거한다.
2 두부에 전분 가루를 가볍게 묻히고, 오일을 채워 둔 팬에 올려 바삭바삭하게 튀긴다.
3 맛국물 재료를 냄비에 담아 한소끔 끓인다.
4 두부 위에 맛국물을 적당히 뿌리고 갈아 놓은 무와 가츠오부시, 송송 썬 실파를 얹어 낸다.

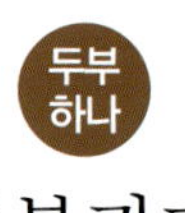

튀김 요리를 할 때 가장 큰 골칫덩어리는 바로 사용한 오일의 처리법이지요. 우선 오일이 많아야 맛있게 튀겨질거라는 생각을 버리세요. 예를 들면 소스 전용 팬에 사용할 두부의 절반 정도만 오일이 닿게끔 부어주면 충분히 바삭바삭한 튀김이 완성될 수 있답니다. 깔끔하게 튀기고, 버리는 양도 최소한으로 할 수 있는 방법이죠.

두부콩국수

READY

순두부 1모, 우유 또는 두유 2컵, 소면 2인분, 오이 1/4개, 방울토마토 2개, 소금 · 참기름 약간씩

 **HOW TO MAKE**

1 순두부와 우유를 믹서로 곱게 간 후 소금으로 간하여 차게 둔다.
2 소면은 삶은 후 그 위에 채 썬 오이와 방울토마토를 올린다.
3 순두부 국물을 붓고 참기름 1방울을 뿌려낸다.

순두부와 우유를 믹서에 갈기 전 견과류를 함께 넣어주면 더욱 고소한 국물을 만들 수 있어요. 물론 순두부가 아닌 두부, 연두부 등 어떤 두부를 사용해도 상관없답니다.

두부과자

READY

두부 1/4모, 달걀 1/3분량, 밀가루 100g, 설탕 30g, 검은깨 2큰술, 오일 1컵, 소금 약간

HOW TO MAKE

1 두부는 칼등으로 곱게 으깬다.
2 으깬 두부에 달걀을 섞은 후 밀가루를 넣는다.
3 검은깨를 넣어 섞고 냉장고에서 10분간 휴지한다.
4 반죽을 두께 2mm 정도로 얇게 민다.
5 먹기 좋은 크기로 자른다.
6 오일에서 노릇하게 튀겨 낸다.

검은깨 대신 견과류를 넣어도 좋아요. 반죽은 얇게 밀수록 더욱 바삭바삭하게 튀겨집니다.

두부날치알샐러드

READY

두부 1/2개, 날치알 4큰술, 다진 양파 3큰술, 참기름 1/2큰술, 소금 · 후추 · 참깨 약간씩

HOW TO MAKE

1 두부는 칼등으로 으깬 후 면보로 감싸 물기를 꼭 짠다.
2 으깬 두부, 날치알, 다진 양파에 참기름, 소금, 후추, 참깨로 간을 하여 버무린다.

두부는 아주 곱지 않게, 즉 입자감이 느껴질 정도로만 으깨줘야 식감이 좋답니다.

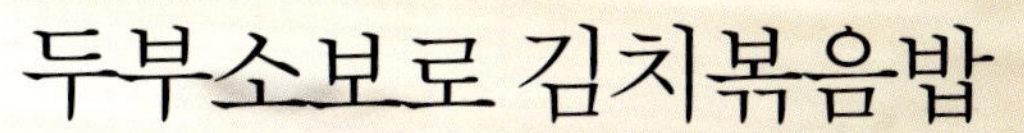

두부가스

탕수두부

두부소보로 김치볶음밥

두부김치

탕수두부

READY

두부 1/2모, 전분 가루 1/2컵, 갖은 채소(양파, 당근, 브로콜리, 피망 등) 약간씩(한입크기로 자를 것), 물전분 약간
소스 식초 3큰술, 설탕 2큰술, 간장 1작은술, 물 1컵, 후추 약간

HOW TO MAKE

1 두부는 3cm×1cm×1cm 크기로 잘라 소금을 솔솔 뿌려 둔다.
2 키친타월로 두부의 물기를 살짝 제거한 후 전분 가루를 가볍게 묻혀 오일에서 바삭바삭하게 튀긴다.
3 오일을 두른 팬에 한입 크기로 자른 채소를 넣고 볶다가 분량의 소스 재료를 부어 함께 끓인다.
4 물전분으로 농도를 조절하고 튀긴 두부에 얹어 낸다.

물전분은 「물 : 전분 가루(감자, 고구마, 옥수수) = 1 : 1」로 섞은 것을 말합니다. 센 불에서 농도를 봐가며 전분 가루를 조금씩 넣고 재빨리 섞어 주어야 깔끔하게 완성되지요.
채소는 어떤 것을 사용해도 좋아요. 종류에 구애 받지 말고 냉장고에 남아있는 것들을 넣으세요.

두부가스

READY

두부 1/2모, 빵가루 1컵, 밀가루 1/4컵, 달걀 1개, 오일 1컵, 소금 약간, 돈가스 소스(시판용) 적당량

HOW TO MAKE

1 두부는 넓적하게 썰고, 그 위에 소금을 살살 뿌린다.
2 키친타월로 물기를 살짝 제거한 후 밀가루, 달걀물, 빵가루 순으로 옷을 입힌다.
3 오일에 노릇하게 튀긴 후 시판용 돈가스 소스를 뿌려 낸다.

먹을 때 곱게 채 썬 양배추 또는 어린잎 채소를 곁들이면 맛도 좋고, 영양도 업그레이드 된답니다.

두부김치

READY

김치 1/2포기, 두부 1모, 양파 1/4개, 대파 1대, 들기름 2큰술
양념 고추장 · 고춧가루 · 올리고당 1큰술씩, 설탕 1작은술, 소금 · 후추 약간씩

HOW TO MAKE

1 양파는 채 썰고, 김치는 한입 크기로 자른다.
2 들기름을 두른 팬에 양파와 김치를 넣고 김치가 투명해질 때까지 볶는다.
3 여기에 고추장, 설탕, 고춧가루를 넣고 함께 볶다가 마지막으로 올리고당과 대파를 넣는다.
4 두부는 통째로 끓는 물에 삶아 한입 크기로 자르고, 준비된 볶은 김치를 곁들여 낸다.

생두부를 이용할 경우 삶는 과정을 생략해도 상관없답니다.

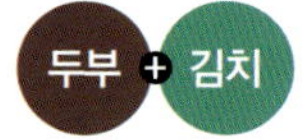

두부소보로 김치볶음밥

READY

배추김치 1컵, 두부 1/4모, 밥 1공기, 양파 1/4개, 실파 3대, 김치 국물 3큰술, 참기름 1작은술, 오일 · 소금 · 후추 약간씩

HOW TO MAKE

1 김치는 종종 썰고, 양파는 다지고, 두부는 칼등으로 으깬다.
2 오일을 두른 팬에 한쪽엔 두부를, 다른 한쪽엔 김치를 넣고 각각 볶는다.
3 두부가 바삭바삭해지면 양파, 밥, 김치 국물을 넣고 볶는다.
4 송송 썬 실파, 참기름을 넣고 소금과 후추로 나머지 간을 한다.

김치가 너무 신가요? 그럴땐 설탕 1작은술을 넣어 함께 볶아주세요. 신맛이 훨씬 줄어들 거예요.

김칫국

두부소고기덮밥

고추장찌개

두부소고기샐러드

두부소고기덮밥

READY

두부 1/4모, 소고기 100g, 밥 1공기, 양파 1/4개, 달걀 1개, 당근·소금 약간
양념 다시물 1컵, 간장·맛술 1큰술씩, 설탕 1작은술, 후추 약간

HOW TO MAKE

1 양파와 당근은 채 썰고, 소고기는 얇게 편으로 썰고, 두부는 한입 크기로 자른다.
2 오일을 두른 팬에 양파와 당근을 넣어 볶다가 소고기를 넣는다.
3 두부를 넣는다.
4 소고기가 익으면 분량의 양념 재료를 섞어 넣고 한소끔 끓인다.
5 국물이 반으로 줄면 달걀물을 부어 재료를 고정시키듯이 만들어 익힌 후 밥 위에 얹어 낸다.

COOK TIP 재료를 저으며 볶을 때는 자칫 두부가 부서질 수 있으니 가볍게 살살 저어주세요. 달걀은 모든 재료가 흩어지지 않도록 살짝 고정해주는 역할을 해줍니다.

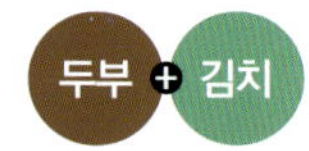

김칫국

READY

배추김치 1컵, 두부 1/4모, 김치 국물 4큰술, 대파 1대, 다시용 멸치 1/2줌, 다시마 2장(사방 5cm), 국간장 1/2큰술, 소금 약간

HOW TO MAKE

1 김치와 두부는 한입 크기로 자른다.
2 물 4컵에 멸치, 다시마, 송송 썬 김치, 김치 국물을 넣고 10분간 끓인 후, 멸치와 다시마만 건져 낸다.
3 여기에 두부를 넣고 한소끔 끓인 후 국간장과 소금으로 간한다.
4 링 모양으로 썬 대파를 넣어 마무리한다.

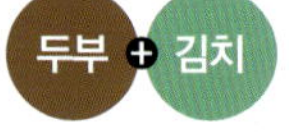

두부소고기샐러드

READY

두부 1/2모, 샐러드용 채소 2줌, 불고기용 소고기 200g, 소금 약간
불고기 양념 간장·맛술 1큰술씩, 설탕·다진 마늘 1작은술씩, 후추 약간
드레싱 씨겨자·오일·식초 1큰술씩, 설탕·간장 1/2큰술씩, 소금·후추 약간씩

HOW TO MAKE

1 두부는 적당한 크기로 납작하게 썰어 소금을 솔솔 뿌린 후 물기를 제거하고, 소고기는 불고기 양념에 버무려 놓는다.
2 오일을 두른 팬에 두부를 노릇하게 굽는다.
3 분량의 드레싱 재료를 섞어 차게 하고, 소고기는 팬에 볶는다.
4 샐러드용 채소 위에 소고기와 두부를 얹고 드레싱을 뿌려 낸다.

COOK TIP 생두부를 이용할 경우 삶는 과정을 생략해도 상관없답니다.

고추장찌개

READY

두부 1/4모, 소고기 200g, 양파 1/4개, 대파 1대, 청양고추 1개, 다시마 2장(사방 5cm), 고추장 2큰술, 고춧가루·된장·다진 마늘 1작은술씩, 국간장 2작은술

HOW TO MAKE

1 두부는 한입 크기로 자르고, 양파는 도톰하게 채 썰고, 소고기는 얇게 편썰고, 대파와 청양고추는 어슷하게 썬다.
2 냄비에 소고기를 볶다가 물 4컵과 다시마를 넣고 끓인다.
3 10분 후 다시마는 건져내고 고추장, 된장, 고춧가루를 넣어 한소끔 끓인다.
4 두부, 양파, 청양고추를 넣고 다진 마늘과 국간장으로 간을 한 후 대파를 얹어 낸다.

COOK TIP 다시마를 너무 오래 끓이면 진액이 나와 국물이 깨끗해지지가 않아요. 그러니 10분 후에는 꼭 건져내는 것이 좋습니다.

두부버섯데리야끼덮밥
두부버섯젓국
표고버섯전
두부해초비빔밥

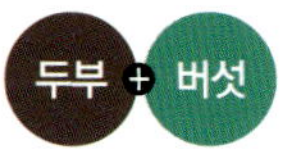

두부버섯젓국

🍲 READY

두부 1/4모, 느타리버섯 1줌, 양파 1/4개, 다시용 멸치 1/2줌, 다시마 2장(사방 5cm), 청양고추 · 홍고추 약간씩, 새우젓 2작은술, 국간장 1작은술, 소금 · 후추 약간씩

🍲 HOW TO MAKE

1 두부는 한입 크기로 자르고 버섯은 한 가닥씩 분리하고, 양파는 굵게 채 썬다.
2 물 4컵에 멸치와 다시마를 넣고 끓이다가 10분 후에 멸치와 다시마를 건져낸다.
3 두부와 버섯, 양파를 넣고 한소끔 끓인 후 새우젓과 국간장으로 간을 한다.
4 송송 썬 청양고추 · 홍고추 약간을 넣고 소금과 후추로 나머지 간을 한다.

COOK TIP 새우젓 대신 명란젓을 넣어 간해도 맛있어요. 좋아하는 젓갈이 있다면 자유롭게 응용해보세요. 더욱 재미있고 신나게 요리할 수 있어요.

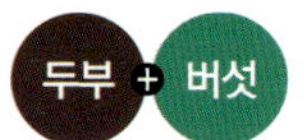

두부버섯데리야끼덮밥

🍲 READY

두부 1/4모, 만가닥 송이버섯 2줌, 밥 1공기, 쑥갓 약간, 오일 · 소금 · 후추 약간씩
소스 간장 · 맛술 2큰술씩, 올리고당 1큰술, 설탕 1작은술, 물 3큰술

🍲 HOW TO MAKE

1 두부는 한입 크기로 납작하게 자르고, 버섯은 밑 부분을 손질해 한 가닥씩 분리한다.
2 오일을 두른 팬에 소금 · 후추로 간한 두부와 버섯을 올려 각각 굽는다.
3 분량의 소스 재료를 섞어 **2**에 붓고 가볍게 조린다.
4 밥 위에 **3**을 얹고 쑥갓을 올려 낸다.

COOK TIP 어린잎 채소를 곁들여도 좋습니다. 두부에 전분 가루를 묻혀 구우면 두부의 바삭바삭한 질감까지 느낄 수 있어요.

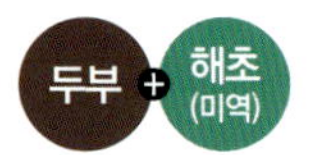

두부해초비빔밥

🍲 READY

두부 1/4모, 시판용 조미 해초 1/2컵, 밥 1공기, 오일 · 소금 약간씩
양념 고추장 2큰술, 식초 1큰술, 설탕 1/2큰술, 참깨 1작은술

🍲 HOW TO MAKE

1 오일 두른 팬에 칼등으로 으깬 두부를 올리고, 소금을 솔솔 뿌려가며 바삭바삭하게 볶는다.
2 분량의 양념 재료를 섞는다.
3 밥 위에 해초와 **1**을 얹고 양념장을 곁들여 낸다.

COOK TIP 시판용 해초는 물기를 충분히 제거한 뒤 사용하세요. 으깬 두부는 팬에서 볶아 물기를 완전히 날린 후 요리에 사용하면 바삭바삭한 식감이 난답니다.

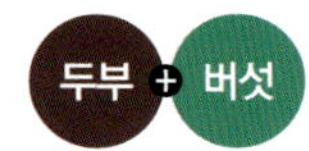

표고버섯전

🍲 READY

두부 1/2개, 표고버섯 10개, 양파 1/4개, 당근 1/6개, 달걀 2개, 쪽파 3대, 오일 · 소금 · 후추 약간씩

🍲 HOW TO MAKE

1 칼등으로 곱게 으깬 두부에 양파, 당근, 쪽파 다진 것을 섞는다.
2 표고버섯은 기둥을 잘라내고 버섯 안쪽에 밀가루를 살짝 묻힌 후 **1**을 채워 넣는다.
3 **2**의 겉면에 밀가루를 가볍게 묻히고 달걀물을 골고루 입힌다.
4 오일을 두른 팬에 올려 노릇하게 부친다.

COOK TIP 표고버섯의 전체가 골고루 익도록 센 불에서 굽되, 타지 않도록 세심하게 신경쓰며 부쳐 주세요. 두부전을 찍어먹을 양념 간장은 『**간장 · 맛술 각 1큰술+식초 · 설탕 각 1작은술**』의 분량으로 섞어 사용하면 된답니다.

두부미소국
두부미역냉채
맑은순두부국
마파순두부

두부미역냉채

READY

두부 1/4모, 불린 미역 1컵, 대파(흰 부분) 1대
양념 간장 · 식초 2큰술씩, 오일 1큰술, 참깨 1/2작은술, 참기름 1작은술, 다진 양파 2작은술

HOW TO MAKE

1 두부는 먹기 좋은 크기로 자르고, 불린 미역은 끓는 물에 살짝 데쳐 적당한 길이로 자른다.
2 대파는 얇게 채 썰고 분량의 양념 재료를 섞어 둔다.
3 미역 위에 두부와 대파를 올리고 양념을 얹어 낸다.

COOK TIP 두부와 미역, 양념은 모두 차갑게 해서 먹어야 더 맛있게 즐길 수 있어요.

두부미소국

READY

일본식 된장 1½큰술, 두부 1/4모, 건미역 5g, 소금 약간

HOW TO MAKE

1 두부는 사방 1cm 크기로 사각썰기하고, 미역은 물에 불려 놓는다.
2 2컵 분량의 끓는 물에 된장을 푼 후 끓인다.
3 두부와 미역을 넣고 부글부글 끓인 후 소금 간하여 낸다.

일본식 된장(미소, 味噌)이 뭔가요?
콩 이외에도 쌀, 보리, 밀가루 등이 첨가된 된장을 말해요. 일식집에 갔을 때 주는 미소국이라는 것 들어보셨을 거예요. 그게 바로 일본식 된장으로 만든 국이랍니다. 오래 끓여야 깊은 맛이 나는 한국 된장과는 달리 일본 된장은 한소끔 정도만 끓여야 텁텁한 맛이 나지 않아요. 오래 끓이게 되면 향과 맛이 좋지 않습니다. 집에서 만들 때는 '아와세미소(あわせ味噌)'를 사용하세요. 물론 다른 어떤 것을 사용해도 상관은 없습니다.

마파순두부

READY

순두부 1/2봉지, 바지락살 1/2컵, 밥 1공기, 양파 1/4개, 청양고추 2개, 홍고추 1/2개, 두반장 1큰술, 고추기름 1큰술, 설탕 1작은술 물전분 1큰술

HOW TO MAKE

1 양파, 청양고추, 홍고추는 곱게 다진다.
2 고추기름을 두른 팬에 양파, 청양고추, 홍고추를 넣고 볶다 바지락을 넣는다.
3 여기에 두반장과 설탕을 부어 볶다가 물 2/3컵을 넣고 끓인다.
4 국물이 반으로 줄면 물전분으로 농도를 낸다.
5 순두부와 가볍게 섞어 밥 위에 얹어 낸다.

물전분은 『물 : 전분 가루(감자, 고구마, 옥수수) = 1 : 1』로 섞은 것을 말합니다. 센 불에서 농도를 봐가며 전분 가루를 조금씩 넣고 재빨리 섞어 주어야 깔끔하게 완성되지요.
채소는 어떤 것을 사용해도 좋아요. 종류에 구애 받지 말고 냉장고에 남아있는 것들을 넣으세요.

COOK TIP

맑은순두부국

READY

순두부 1/2봉지, 바지락 200g, 청양고추 1개, 대파 1대, 다시마 2장(사방 5cm), 새우젓 1/2큰술, 국간장 1/2큰술, 다진 마늘 1작은술, 소금 · 후추 약간씩

HOW TO MAKE

1 청양고추와 대파는 링으로 썬다.
2 물 3컵에 바지락과 다시마를 넣고 끓이다가 10분 후 다시마만 건져낸다.
3 여기에 순두부, 청양고추, 대파를 넣고 한소끔 끓인 후 새우젓, 국간장, 다진 마늘, 소금, 후추로 간한다.

COOK TIP 다시마를 너무 오래 끓이면 진액이 나와 국물이 깨끗해지지가 않아요. 그러니 10분 후에는 꼭 건져내는 것이 좋습니다.

순두부바지락찜

두부양념굴밥

굴국

굴무침을 곁들인 두부

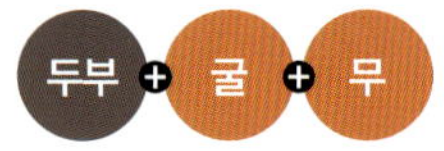

두부양념굴밥

READY

굴 100g, 무 1개(두께 3cm), 불린 쌀 2/3컵, 다시마 1장(사방 5cm)
양념 두부 1/8모, 간장 · 맛술 2큰술씩, 고춧가루 1작은술, 양파 1/8개, 다진 쪽파 1/2큰술

HOW TO MAKE

1 무는 곱게 채 썰어 뚝배기 밑에 깔아 둔다.
2 여기에 불린 쌀과 다시마, 물을 넣고 밥을 짓는다.
3 밥이 80% 정도 되었을 때, 위에 굴을 얹고 뚜껑을 닫아 밥을 완성한다.
4 두부는 칼등으로 으깨고, 양파는 곱게 채 썰어 분량의 양념 재료와 함께 섞어 곁들여 낸다.

 **COOK TIP** 무에서 충분한 수분이 배여 나와요. 그러니 밥물은 평소보다 조금만 줄여주세요. 쌀과 같은 높이가 되도록 붓는 것이 좋답니다.

순두부바지락찜

READY

순두부 1/2봉지, 바지락 200g, 풋고추 · 홍고추 1개씩, 참기름 약간
양념 두반장 · 맛술 1큰술씩, 굴소스 1/2큰술, 다진 양파 2큰술, 설탕 1작은술, 물 1/3컵

HOW TO MAKE

1 풋고추와 홍고추는 링으로 썰어 두고, 냄비에 바지락과 순두부를 담는다.
2 분량의 양념 재료를 섞어 1에 붓는다.
3 뚜껑을 닫고 약불에서 끓인다.
4 끓기 시작하면 뚜껑을 열어 국물이 자작하도록 한 번 더 끓여준 후 풋고추, 홍고추, 참기름을 넣고 마무리한다.

 **COOK TIP** 뚝배기 같은 바닥이 두꺼운 냄비를 사용하세요.

굴무침을 곁들인 두부

READY

두부 1/2모, 굴 200g, 무 1개(두께 5cm), 쑥갓 한줌
양념 고춧가루 3큰술, 식초 · 다진 파 1큰술씩, 설탕 1/2큰술, 다진 마늘 · 참깨 1작은술씩, 멸치액젓 2작은술

HOW TO MAKE

1 무를 곱게 채 썰어 분량의 양념에 버무려 둔다.
2 무에 양념 맛이 배면 굴을 넣고 가볍게 버무린다.
3 두부는 끓는 물에 가볍게 데친 다음 한입 크기로 잘라 굴무침, 쑥갓을 곁들여 함께 낸다.

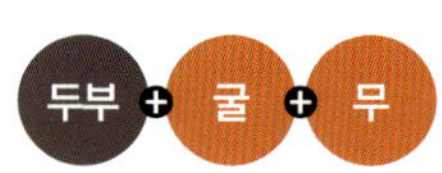

굴국

READY

두부 1/4모, 굴 200g, 무 1개(두께 3cm), 다시마 2장(사방 5cm), 홍고추 약간, 국간장 1큰술, 다진 마늘 1작은술, 쑥갓 약간, 소금 · 후추 약간씩

HOW TO MAKE

1 무는 납작하게 사각썰고, 두부는 한입 크기로 자른다.
2 물 4컵에 무와 다시마를 넣고 끓이다가 10분 후에 다시마만 건져낸다.
3 무가 익어서 투명한 빛깔을 띠면 굴과 두부를 넣고 한소끔 끓인 후 다진 마늘, 국간장, 소금, 후추로 간한다.
4 완성되면 위에 쑥갓과 송송 썬 홍고추를 얹어 낸다.

새우탕

두부소면

두부달걀찜

오징어순대

두부소면

READY

두부 1/4모, 소면 1인분, 새우 중하 5마리, 달걀 1개, 쑥갓 약간, 다시용 멸치 1/2줌, 다시마 2장(사방 5cm), 국간장 1큰술, 소금 · 후추 약간씩

HOW TO MAKE

1 두부는 한입 크기로 자르고, 새우는 머리와 껍질을 제거하고, 소면은 끓는 물에 삶아 준비한다.
2 물 3컵에 멸치와 다시마를 넣고 10분간 끓인 후, 멸치와 다시마를 건져낸다.
3 여기에 새우와 두부를 넣고 한소끔 끓인 후, 달걀을 풀어 넣는다.
4 마지막으로 국간장, 소금, 후추로 간하여 삶아둔 소면 위에 부은 후 쑥갓을 얹어 낸다.

새우탕

READY

두부 1/4모, 새우 10마리, 달걀 1개, 쪽파 1개, 다시용 멸치 1/2줌, 다시마 2장(사방 5cm), 국간장 1큰술, 물전분 2큰술, 소금 · 후추 약간씩

HOW TO MAKE

1 물 3½컵에 멸치와 다시마를 넣고 10분간 끓인 후, 멸치와 다시마를 건져낸다.
2 두부는 한입 크기로 잘라 새우와 함께 **1**의 육수에 넣고 끓인다.
3 여기에 달걀을 풀어 넣은 후 국간장, 소금, 후추로 간한다.
4 물전분으로 농도를 걸쭉하게 낸다.

물전분은 『물 : 전분 가루(감자, 고구마, 옥수수) = 1 : 1』로 섞은 것을 말합니다. 센 불에서 농도를 봐가며 전분 가루를 조금씩 넣고 재빨리 섞어 주어야 깔끔하게 완성되지요.
채소는 어떤 것을 사용해도 좋아요. 종류에 구애 받지 말고 냉장고에 남아있는 것들을 넣으세요.

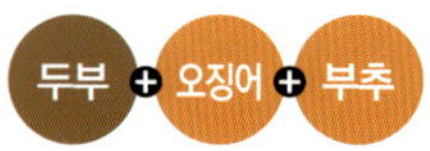

오징어순대

READY

두부 1/4모, 오징어 1마리, 양파 1/3개, 당근 1/6개, 부추 1줌, 참기름 · 소금 · 후추 약간씩
양념 간장 · 물엿 · 맛술 2큰술씩, 굴소스 1작은술, 물 1컵, 후추 약간

HOW TO MAKE

1 두부는 칼등으로 으깬다. 오징어는 내장과 껍질을 제거하고, 다리만 곱게 다져 준비해둔다.
2 곱게 다진 양파, 당근, 부추, 으깬 두부, 다진 오징어 다리를 넣고 참기름, 소금, 후추로 간하여 버무린다.
3 오징어 몸통 안에 **2**를 채워 넣는다.
4 이쑤시개 같은 뾰족한 막대기를 사용해 내용물이 빠져나가지 못하도록 고정시켜 입구를 막은 후 찜통에서 10분간 찐다.
5 냄비에 분량의 양념 재료와 오징어를 넣고 윤기나게 조린다.

꼭 레시피에 적힌 양념장이 아니더라도 집에 있는 초고추장과 함께 곁들이면 요리를 맛있게 즐길 수 있답니다. 양념장으로 할 경우에는 조리는 동안 틈틈이 오징어에 양념을 끼얹어주세요. 그래야 몸통 전체에 윤기가 돌고 먹음직스럽게 색이 입혀진답니다.
또 이쑤시개로 오징어순대 입구를 막을 때는 1cm 정도의 여유를 두는 것 잊지 마세요!

두부달걀찜

READY

두부 1/4모, 달걀 3개, 칵테일 새우 4마리, 양파 1/4개, 쪽파 2대, 소금 · 참기름 약간씩

HOW TO MAKE

1 양파와 쪽파는 곱게 다지고, 두부는 사방 1cm 크기로 사각썰기한다.
2 달걀을 풀고 여기에 양파, 쪽파를 넣어 섞은 후, 소금으로 간하여 뚝배기에 넣는다.
3 중불에서 끓이다가 끓기 시작하면 잘라놓은 두부와 새우를 얹고 약불로 줄여 익힌다.
4 마지막으로 참기름을 뿌려 낸다.

오징어두부비빔밥

오징어섞어찌개

순두부마요네즈샐러드

순두부오믈렛

오징어섞어찌개

🍱 READY

두부 1/2모, 오징어 1마리, 대파 1대, 무 1개(두께 3cm), 양파 1/4개, 청양고추 · 홍고추 1개씩, 부추 1/2줌, 다시마 2장(사방 5cm)
양념 고춧가루 2큰술, 고추장 · 맛술 · 국간장 1큰술씩, 다진 마늘 1작은술, 소금 · 후추 약간씩

🍳 HOW TO MAKE

1 두부는 한입 크기로 자르고, 양파는 채 썰고, 청양고추 · 홍고추 · 대파는 어슷썰고, 부추는 5cm 길이로 자른다.
2 오징어 몸통은 링으로, 다리는 6cm 길이로 자른다.
3 물 4컵에 납작하게 사각썰기한 무와 다시마를 넣고 끓이다가 10분 후에 다시마만 건져낸다.
4 여기에 양념을 넣고 한소끔 끓인 후 미리 잘라둔 오징어와 두부를 넣는다.
5 양파, 청양고추, 홍고추, 대파를 넣고 소금과 후추로 나머지 간을 맞춘 뒤, 부추를 얹어 낸다.

오징어두부비빔밥

🍱 READY

두부 1/4모, 부추 1줌, 오징어(몸통 부분) 1/2마리, 밥 1공기, 참기름 1/2큰술, 양파 1/6개
양념 간장 · 맛술 2큰술씩, 참기름 · 고춧가루 2작은술씩, 설탕 · 다진 마늘 1작은술씩, 참깨 약간

🍳 HOW TO MAKE

1 두부는 칼등으로 으깬 후 물기를 제거하고, 오징어는 얇게 채 썰어 가볍게 데친다.
2 부추는 3cm 길이로 자르고, 양파는 곱게 채 썰어 분량의 양념으로 섞어둔다.
3 밥 위에 두부, 부추, 오징어를 올린 후 양파 양념장을 얹는다.
4 참기름을 뿌려 낸다.

순두부오믈렛

🍱 READY

순두부 1/3봉지, 양파 1/4개, 슬라이스 햄 2장, 달걀 2개, 우유 3큰술, 오일 · 소금 약간씩

🍳 HOW TO MAKE

1 순두부는 곱게 으깨고, 양파와 슬라이스 햄은 잘게 다진다.
2 달걀에 우유를 넣어 풀어준 후 소금으로 간한다.
3 오일을 두른 팬에 순두부, 양파, 햄을 넣고 볶다가 **2**의 달걀을 넣어 스크램블을 한다.
4 팬의 옆면을 이용하여 오믈렛 모양을 만든다.

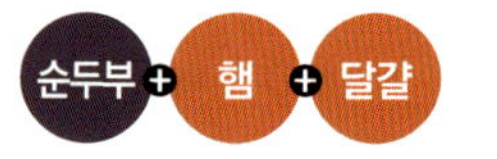

순두부마요네즈샐러드

🍱 READY

슬라이스 햄 5장, 삶은 달걀 3개, 다진 양파 3큰술, 파슬리 가루 · 후추 약간씩
순두부 마요네즈 순두부 1/3봉지(100g), 오일 3큰술, 식초 2큰술, 설탕 2작은술, 소금 · 후추 약간씩

🍳 HOW TO MAKE

1 달걀은 삶아서 듬성듬성 잘라두고 슬라이스 햄은 곱게 다진다.
2 분량의 마요네즈 재료를 믹서로 곱게 간다.
3 달걀, 다진 양파, 다진 햄에 두부마요네즈를 넣고 가볍게 버무린다.
4 위에 파슬리 가루와 후추를 뿌려 낸다.

햄순두부찌개
두부쌀국수볶음
두부스테이크
브로콜리수프

두부쌀국수볶음

 READY

두부 1/4모, 쌀국수 1인분, 달걀 1개, 양파 1/4개, 브로콜리 송이 5개, 베이컨 2장, 다진 마늘 · 참기름 1/2큰술씩, 오일 · 소금 · 후추 약간씩
양념 굴소스 · 올리고당 1큰술씩, 간장 · 피시소스 1작은술씩

HOW TO MAKE

1 두부는 칼등으로 입자감이 살도록 으깨고, 양파와 베이컨은 굵직하게 채 썰고, 브로콜리는 송이송이 떼어 준비한다. **2** 달걀을 풀어 소금으로 간하고, 쌀국수는 삶아서 준비한다. **3** 오일을 넉넉히 두른 팬에 풀어둔 달걀을 넣어 튀기듯이 볶다가 건진다. **4** 팬에 다진 마늘과 양파, 브로콜리, 베이컨, 두부를 올려 각각 섞이지 않도록 주의하며 볶는다. **5** 4에 쌀국수를 넣고 버무리듯이 볶는다. 여기에 분량의 양념을 부어서 재빨리 볶는다. **7** 마지막으로 미리 볶아둔 달걀을 넣고, 참기름, 소금, 후추로 나머지 간을 한다.

> **COOK TIP** 피시소스가 없다면 멸치액젓을 사용하세요. 또 5번 과정에서 쌀국수 면을 넣은 뒤 센 불에서 재빨리 볶아주세요. 면이 금새 불기 때문에 센 불에서 빨리 볶아야 합니다.

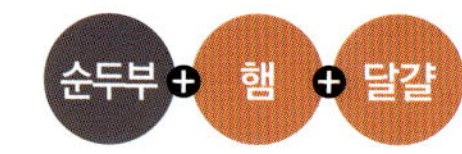

햄순두부찌개

 READY

순두부 1/2봉지, 슬라이스 햄 5장, 달걀 1개, 대파 1대, 양파 1/4개, 풋고추 · 홍고추 1개씩, 고추기름 1큰술, 고춧가루 2큰술, 다진 마늘 1작은술, 국간장 1/2큰술, 소금 · 후추 약간씩

HOW TO MAKE

1 양파는 굵게 채 썰고 대파, 풋고추, 홍고추는 어슷썬다.
2 뚝배기에 고추기름과 고춧가루를 넣고 볶다가 햄을 넣는다.
3 물 1½컵을 넣고 한소끔 끓인 후 순두부, 양파, 풋고추, 홍고추, 다진 마늘, 대파를 넣는다.
4 국간장, 소금, 후추로 간을 한 후 달걀을 얹어 반숙하여 낸다.

> **COOK TIP** 고추기름이 없다면 참기름 또는 들기름으로 대체해도 좋습니다.

브로콜리수프

READY

두부 1/4모, 브로콜리 1/6개, 베이컨 1장, 우유 1컵, 생크림 1/2컵, 다진 양파 3큰술, 버터 · 파마산 치즈가루 1큰술씩, 소금 · 후추 약간씩

HOW TO MAKE

1 브로콜리는 송이송이 떼어내고, 두부는 칼등으로 으깬다.
2 버터에 다진 양파를 넣어 향을 낸 후, 브로콜리와 두부를 넣고 볶는다.
3 여기에 우유와 생크림을 넣고 한소끔 끓이다가 도깨비 방망이를 이용해서 모든 재료를 곱게 갈아준다.
4 소금, 후추, 파마산 치즈가루로 간을 하고 바삭바삭하게 구운 베이컨을 곁들여 낸다.

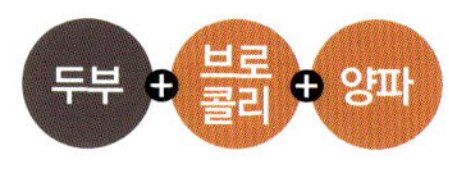

두부스테이크

READY

두부 1모, 브로콜리 1/6개, 베이컨 3장, 양파 1/2개, 빵가루 약간, 어린잎 채소 1줌, 오일 · 소금 · 후추 약간씩, 시판용 스테이크소스 약간

HOW TO MAKE

1 두부는 칼등으로 으깨고 브로콜리, 베이컨, 양파는 곱게 다진다.
2 으깬 두부와 다져둔 브로콜리, 베이컨, 양파에 소금과 후추로 간을 하고, 빵가루로 농도를 맞춰 반죽을 한다.
3 반죽을 스테이크 형태로 동그랗게 만들어 준 후, 오일을 두른 팬에 올려 노릇하게 굽는다.
4 스테이크 위에 어린잎 채소를 올리고, 스테이크 소스를 뿌려 낸다.

> **COOK TIP**  두부스테이크를 만들 때는 쉽게 부서지지 않도록 빵가루로 농도를 되직하게 내주세요. 스테이크를 지나치게 크게 만들면 모양이 흐트러질 수 있으니 뭐든지 적당한 크기가 좋아요!

돼지고기두부두루치기

한국식 마파두부

두부돼지고기전골

두부양배추쌈밥

한국식 마파두부
두부 + 돼지고기 + 고추

READY

두부 1/3모, 다진 돼지고기 50g, 양파 1/6개, 청양고추 2개, 홍고추 1개, 쪽파 2대, 밥 1공기 **양념** 고추장 · 고추기름 1큰술씩, 된장 1/2큰술, 설탕 1작은술, 물전분 1큰술, 참기름 약간

HOW TO MAKE

1 양파, 청양고추, 홍고추는 입자감이 살도록 다지고, 두부는 사방 1cm 크기로 자른다. **2** 고추기름을 두른 팬에 돼지고기와 양파를 볶는다. **3** 여기에 된장, 고추장, 설탕을 넣고 함께 볶다가 물 2/3컵을 붓고 한소끔 끓인다. **4** 물전분을 넣어 농도를 낸 후, 잘라둔 두부와 참기름을 넣고 가볍게 섞는다. **5** 밥 위에 **4**를 얹고 송송 썬 쪽파를 뿌려 낸다.

COOK TIP 고추기름 대신 일반 다른 종류의 오일로 대체해도 좋아요. 된장, 고추장, 설탕을 넣은 후 약불에서 충분히 볶아 주어야 맛이 제대로 난답니다.

COOK TIP 물전분은 『물 : 전분 가루(감자, 고구마, 옥수수) = 1 : 1』로 섞은 것을 말합니다. 센 불에서 농도를 봐가며 전분 가루를 조금씩 넣고 재빨리 섞어 주어야 깔끔하게 완성되지요. 채소는 어떤 것을 사용해도 좋아요. 종류에 구애 받지 말고 냉장고에 남아있는 것들을 넣으세요.

돼지고기두부두루치기
두부 + 돼지고기 + 고추

READY

두부 1/2모, 돼지고기(목심 or 삼겹살) 300g, 양파 1/4개, 풋고추 · 홍고추 1개씩, 깻잎 5장, 오일 약간
양념 고추장 · 맛술 3큰술씩, 간장 · 설탕 · 다진 파 1큰술씩, 다진 마늘 · 참기름 1작은술씩, 후추 약간

HOW TO MAKE

1 두부는 한입 크기로 자르고, 양파는 채 썰고, 고추는 어슷썰고, 실파는 4cm 길이로 자른다.
2 돼지고기를 얇게 편 썰어 양념의 1/2 분량과 함께 버무려 놓는다.
3 오일을 두른 팬에 돼지고기를 먼저 볶는다.
4 여기에 남은 절반의 양념과 두부를 넣고 가볍게 볶는다.
5 미리 썰어둔 풋고추와 홍고추, 깻잎을 넣어 볶은 후 마무리한다.

COOK TIP 세게 볶으면 두부가 부서질 수 있어요. 부서지면 모양도 식감도 좋지 않겠죠? 아이 다루듯이 가볍게 살살 볶아주세요.

두부양배추쌈밥
두부 + 참치 + 양배추

READY

두부 1/4모, 양배추 5장, 참치(小) 1/2캔, 밥 1공기, 다진 양파 3큰술, 실파 3대, 간장 1큰술, 설탕 1작은술, 오일 · 소금 · 후추 약간씩

HOW TO MAKE

1 두부와 참치는 칼등으로 곱게 으깨고, 양배추는 통째로 부드럽게 쪄서 준비한다.
2 오일을 두른 팬에 다진 양파를 넣고 볶다가 두부와 참치를 넣는다.
3 여기에 밥을 넣고 고슬고슬하게 볶아준 후 간장, 설탕, 송송 썬 실파를 넣는다.
4 쪄둔 양배추 잎에 **3**의 밥을 넣고 돌돌 말아준다.

두부돼지고기전골
두부 + 돼지고기 + 고추

READY

두부 1/2모, 돼지고기(목심 or 등심) 200g, 미나리 한줌, 대파 1대, 양파 1/4개, 풋고추 · 홍고추 1개씩, 고추기름 1큰술, 고춧가루 2큰술, 다진 마늘 1작은술, 국간장 2작은술, 소금 · 후추 약간씩
돼지고기 양념 간장 · 참기름 1/2큰술씩, 다진 마늘 1작은술, 후추 약간

HOW TO MAKE

1 돼지고기는 얇게 편 썰어 양념에 버무려 놓는다.
2 양파는 굵게 채 썰고, 대파와 풋고추 · 홍고추는 어슷썰고, 두부는 한입 크기로 자른다.
3 고추기름을 두른 뚝배기에 먼저 돼지고기를 넣고 볶다가 고춧가루를 넣는다.
4 돼지고기가 익으면 물 3컵을 넣고 끓인 후 두부, 양파, 풋고추, 홍고추, 다진 마늘, 국간장을 넣고 한 번 더 끓인다.
5 5cm 길이로 자른 미나리와 대파를 넣고 소금과 후추로 나머지 간을 한다.

두부쌈장
두부참치동그랑땡
콩비지칼국수
비지조개찌개

두부참치동그랑땡

READY

두부 1/2모, 참치(小) 1캔, 양배추 3장, 달걀 2개, 다진 양파 3큰술, 실파 3대, 소금 · 후추 약간씩
양념간장 간장 2½큰술, 맛술 · 물엿 2큰술씩, 생강즙 · 전분 가루 1작은술씩, 물 1/4컵

HOW TO MAKE

1 두부는 곱게 으깨어 따로 두고, 양배추는 다진 후 오일 두른 팬에 소금 간하여 가볍게 볶는다.
2 볼에 볶은 양배추, 두부, 참치와 다진 양파를 넣고 소금과 후추로 간하여 섞는다.
3 반죽을 동그랗게 만든 후 달걀물을 입혀 노릇하게 굽는다.
4 분량의 양념간장 재료를 섞어 한소끔 끓인 후, 동그랑땡을 넣고 윤기나게 조린다.

COOK TIP 마지막 단계에서 양념간장에 조리는 것을 생략했다면, 대신 동그랑땡 먹을 때 곁들여 찍어 먹어도 좋아요.

두부쌈장

READY

두부 1/4모, 양배추 2장, 다진 양파 2큰술, 참치(小) 1/2캔, 실파 3대, 오일 약간
양념 고추장 3큰술, 된장 2큰술, 설탕 · 참기름 2작은술씩

HOW TO MAKE

1 두부는 칼등으로 곱게 으깨두고, 양배추는 입자감이 살도록 다진다.
2 오일을 두른 뚝배기에 양파와 양배추를 넣어 먼저 볶다가 다음으로 된장, 고추장, 설탕을 넣고 볶아준다.
3 여기에 물 1컵을 넣고 센 불에서 끓인다.
4 국물이 반으로 줄어들면 두부와 참치를 넣고 졸인 후, 참기름과 송송 썬 실파를 얹어 낸다.

COOK TIP 양배추는 찌는 대신 비닐봉지에 넣어 전자레인지에서 3~4분 이상 돌려 익혀도 된답니다. 이때 양배추의 두꺼운 심지 부분은 도려내야지 쌈을 쌀 때 잘 말려요.

비지조개찌개

READY

콩비지 1컵, 바지락 200g, 종종 썬 김치 1/2컵, 들기름 1큰술, 다시마 1장(사방 5cm), 대파 1대, 고춧가루 1큰술, 국간장 1/2큰술, 소금 · 후추 약간씩, 다진 마늘 1작은술

HOW TO MAKE

1 뚝배기에 들기름을 두른 후, 김치와 고춧가루를 넣고 볶는다.
2 김치가 투명해지면 바지락, 다시마, 물 2½컵을 넣고 끓인다.
3 10분 후 다시마만 건져내고 콩비지를 넣는다.
4 다진 마늘, 국간장, 소금, 후추로 간을 한 후 링으로 썬 대파를 얹고 마무리한다.

콩비지칼국수

READY

콩비지 1/2컵, 종종 썬 김치 1컵, 바지락 200g, 칼국수 1인분, 다시용 멸치 1/2줌, 다시마 1장(사방 5cm), 양파 1/4개, 어슷 썬 청양고추 · 홍고추 약간씩, 국간장 1/2큰술, 김치 국물 5큰술, 소금 · 후추 약간씩

HOW TO MAKE

1 물 4컵에 멸치, 다시마, 종종 썬 김치, 바지락을 넣고 끓인다.
2 10분 후에 멸치와 다시마는 건져낸다.
3 김치가 투명해지면 김치 국물, 콩비지, 채 썬 양파를 넣고 끓인다.
4 칼국수 면을 넣어 끓인다. 국간장, 소금, 후추로 간을 한 후, 청양고추와 홍고추를 넣고 마무리한다.

비지김치부침개

채식잡채

두부카레라이스

두부강된장

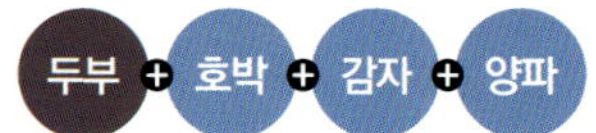

채식잡채

 **READY**

두부 1모, 호박 1개(길이 5cm), 감자(小) 1개, 양파 1/2개, 실파 5대, 오일 · 소금 · 후추 약간씩
양념 간장 2큰술, 설탕 · 참기름 1큰술씩, 참깨 1작은술

HOW TO MAKE

1 두부는 5cm 길이로 도톰하게 채 썰고, 소금을 약간 뿌려 놓는다.
2 오일을 두른 팬에 두부를 올려 노릇하게 굽는다.
3 곱게 채 썬 호박, 감자, 양파를 오일을 두른 팬 위에서 소금과 후추로 간해 각각 볶아내고, 실파는 5cm 길이로 자른다.
4 준비해둔 두부, 호박, 감자, 양파, 실파에 분량의 양념 재료를 넣고 가볍게 버무린다.

COOK TIP 두부는 쉽게 부서지므로 가급적 부침용 두부를 사용하고, 가볍게 버무리도록 하세요. 재료가 모두 따끈따끈할 때 재빨리 양념에 버무려야 맛이 배가 됩니다.

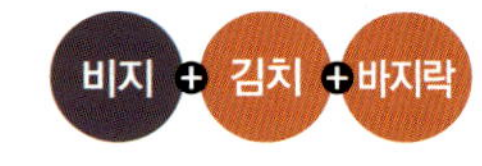

비지김치부침개

READY

비지 1컵, 바지락살 1/2컵, 김치 1/4포기, 양파 1/4개, 청양고추 2개, 밀가루 1/2컵, 오일 · 소금 약간씩

HOW TO MAKE

1 김치는 소(양념)를 털어 송송 썰어두고, 양파와 청양고추는 입자감이 살도록 다진다.
2 1의 재료와 비지, 바지락살, 소금, 밀가루를 넣고 골고루 섞은 후 물로 농도를 맞춘다.
3 오일을 넉넉하게 두른 팬에서 노릇하게 부쳐 낸다.

COOK TIP 물의 양은 농도를 확인하며 조금씩 넣으세요. 단, 너무 묽지 않아야 합니다. 반죽을 만들 때는 밀가루 대신 부침가루를 사용해도 좋아요.

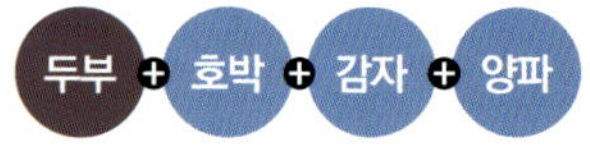

두부강된장

 **READY**

두부 1/4모, 호박 1개(두께 3cm), 감자(小) 1/2개, 양파 1/4개, 청양고추 2개, 다시용 멸치 1/3줌, 다시마 1장(사방 5cm), 된장 2큰술, 고추장 2작은술, 다진 마늘 1작은술, 국간장 1작은술

HOW TO MAKE

1 두부는 사방 1cm로 사각썰기하고, 호박, 감자, 양파, 청양고추도 같은 크기로 자른다.
2 물 2½컵에 멸치와 다시마를 넣고 끓이다가 10분 후에 건져낸다.
3 된장과 고추장을 풀어 넣고 호박, 감자, 양파를 넣어 한소끔 끓인다.
4 국물이 자작해지면 두부, 청양고추, 다진 마늘, 국간장을 넣고 부르르 끓여 낸다.

두부카레라이스

READY

두부 1/4모, 호박 1개(두께 5cm), 감자(小) 1/2개, 양파 1/3개, 밥 1공기, 카레분말 1/4컵, 오일 약간

HOW TO MAKE

1 두부는 사방 2cm로 사각썰기하고, 호박, 감자, 양파도 같은 크기로 자른다.
2 오일을 두른 팬에 감자, 양파, 호박 순으로 볶다가 물 2컵과 카레분말을 넣고 끓인다.
3 알맞은 농도가 되면 두부를 넣고 가볍게 섞은 후 밥 위에 얹어 낸다.

 **COOK TIP** 두부가 부서지면 모양도 식감도 살지 않아요. 조심조심 가볍게 섞어 주세요.

두부해물찜
매운두부덮밥
조개낙지탕
닭고기냉국

매운두부덮밥

READY

두부 1/4모, 낙지 1마리, 모시조개 100g, 콩나물 1줌, 밥 1공기, 청양고추 · 홍고추 1개씩, 참기름 1작은술, 소금 약간
양념 고춧가루 2큰술, 고추장 · 국간장 · 물엿 · 다진 마늘 · 맛술 1큰술씩, 후추 약간

HOW TO MAKE

1 두부는 한입 크기로 자른다.
2 낙지는 먹기 좋은 크기로 자르고, 청양고추와 홍고추는 어슷하게 썬다.
3 콩나물은 끓는 물에 살짝 데친 후 참기름과 소금으로 무친다.
4 오일을 두른 팬에 조개를 볶다가 조개가 열리면 낙지와 분량의 양념을 넣고 재빨리 볶는다.
5 여기에 두부를 넣고 가볍게 섞은 후, 밥 위에 콩나물과 함께 올려 낸다.

두부해물찜

READY

두부 1/4모, 낙지 1마리, 모시조개 200g, 콩나물 1줌, 청양고추 · 홍고추 1개씩, 물전분 약간
양념 고춧가루 2큰술, 고추장 · 국간장 · 물엿 · 다진 마늘 · 청주 1큰술씩, 설탕 1작은술, 생강즙 1큰술, 물 1/2컵, 후추 약간

HOW TO MAKE

1 두부는 한입 크기로 자르고, 낙지는 7~8cm 크기로 자르고, 청양고추, 홍고추는 어슷하게 썬다. 2 냄비 바닥에 콩나물을 깔고 그 위에 모시조개와 낙지를 올린다. 3 분량의 양념재료를 섞어 2에 얹는다. 4 냄비 뚜껑을 닫고 끓이다가 콩나물과 낙지가 익으면 두부와 청양고추, 홍고추를 넣는다. 5 한소끔 끓인 후 물전분으로 농도를 낸다.

물전분은 「물 : 전분 가루(감자, 고구마, 옥수수) = 1 : 1」로 섞은 것을 말합니다. 센 불에서 농도를 봐가며 전분 가루를 조금씩 넣고 재빨리 섞어 주어야 깔끔하게 완성되지요. 채소는 어떤 것을 사용해도 좋아요. 종류에 구애 받지 말고 냉장고에 남아있는 것들을 넣으세요.

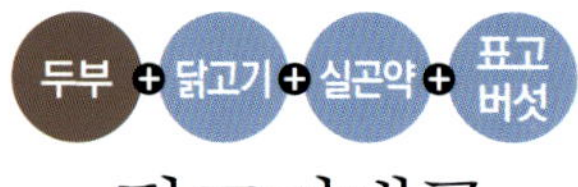

닭고기냉국

READY

두부 1/4모, 닭가슴살 2개, 실곤약 1/2컵, 표고버섯 2개, 맛술 · 소금 약간씩
다시물 가츠오부시 한줌, 다시마 2장(사방 5cm)
다시물 양념 국간장 1/2작은술, 간장 1작은술, 식초 · 설탕 1큰술씩, 연겨자 · 소금 약간씩

HOW TO MAKE

1 물 2컵에 닭고기와 맛술을 넣고 끓이다가 닭고기가 익으면 건져낸다.
2 익은 닭고기는 잘게 찢어 소금으로 간한다.
3 물 2컵에 다시마를 넣고 끓인 후, 불을 끄고 가츠오부시를 넣는다. 10분 후에 가츠오부시와 다시마를 체에 밭쳐 다시물을 만든다.
4 다시물 1컵과 닭고기 삶은 물 1컵을 합친 후, 분량의 다시물 양념 재료를 넣어 냉장고에 차게 둔다.
5 곱게 채 썰고 소금으로 간하여 부드럽게 볶은 표고버섯과 한입 크기로 자른 두부, 닭고기, 실곤약을 함께 그릇에 담는다.
6 차가워진 양념을 그릇에 부어 낸다.

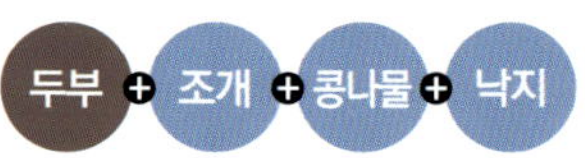

조개낙지탕

READY

두부 1/4모, 낙지 1마리, 모시조개 200g, 콩나물 1줌, 청양고추 1개, 국간장 1큰술, 다진 마늘 1작은술, 다시마 2장(사방 5cm), 소금 · 후추 약간씩

HOW TO MAKE

1 두부는 한입 크기로 자르고 청양고추는 송송 썬다.
2 물 4컵에 모시조개와 다시마를 넣고 끓이다가 10분 후에 다시마만 건져낸다.
3 여기에 콩나물과 두부를 넣고 한소끔 끓인 후 낙지를 넣는다.
4 국간장, 다진 마늘, 소금, 후추로 간을 하고 마지막으로 청양고추를 넣어 마무리한다.

두부닭고기덮밥
일본식 두부닭고기조림
두부찹쌀케이크
두부피자

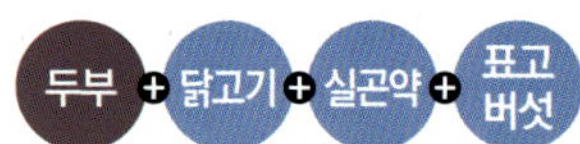

일본식 두부닭고기조림

READY

두부 1/4모, 닭고기 안심 4개, 실곤약 1/2컵, 표고버섯 2개, 실파 2대, 다진 마늘 1/2큰술, 참기름 1작은술, 참깨 · 오일 약간씩
양념 간장 · 맛술 2큰술씩, 설탕 2작은술, 다시물 1/2컵

HOW TO MAKE

1 두부는 깍두기 모양으로 자르고, 닭고기 안심은 4등분한다.
2 표고버섯은 채 썰고, 실파는 송송 썰고, 분량의 양념재료는 미리 섞어둔다.
3 오일을 두른 팬에 다진 마늘을 볶아 향을 낸 후, 닭고기를 넣어 함께 볶는다.
4 다음으로 표고버섯을 넣은 후 양념을 붓고 한소끔 끓인다.
5 여기에 두부와 실곤약, 참기름을 넣고 국물이 자작하게 되도록 조려 낸다.

COOK TIP 다시물이 없을 경우 물로 대체해도 상관없답니다. 대신 감칠맛과 깊은 맛이 약간 부족해질 수 있으니 가급적이면 다시물을 사용하세요.

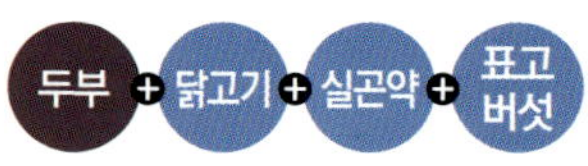

두부닭고기덮밥

READY

두부 1/4모, 닭고기 안심 4개, 실곤약 1/2컵, 표고버섯 2개, 밥 1공기, 실파 2대, 다진 마늘 1/2큰술, 참기름 1작은술, 참깨 · 오일 약간씩
양념 간장 · 맛술 2큰술씩, 설탕 2작은술, 다시물 1/2컵

HOW TO MAKE

1 두부는 사각썰기하고, 닭고기 안심은 4등분한다.
2 표고버섯은 채 썰고, 실파는 송송 썰고, 분량의 양념재료는 미리 섞어둔다.
3 오일을 두른 팬에 다진 마늘을 볶아 향을 낸 후, 닭고기를 넣어 함께 볶는다.
4 표고버섯을 넣은 후 양념을 붓고 한소끔 끓인다.
5 여기에 두부와 실곤약을 넣고 국물이 자작하게 되도록 조린 후 밥 위에 얹는다.
6 마지막으로 위에 실파, 참깨, 참기름을 뿌려 낸다.

두부찹쌀케이크

READY

두부 50g, 찹쌀가루 100g, 멥쌀가루 50g, 우유 2컵, 설탕 50g, 소금 약간, 견과류 한줌

HOW TO MAKE

1 두부는 칼등으로 곱게 으깬다.
2 찹쌀가루, 멥쌀가루, 으깬 두부, 설탕에 우유를 넣어 반죽한다.
3 케이크 틀에 유산지를 깔고 1cm 높이까지 반죽을 붓는다.
4 견과류를 얹는다.
5 180℃ 오븐에서 40분간 구운 후, 200℃ 오븐에서 10분간 더 구워준다.

COOK TIP 두부 대신 콩비지를 사용해도 좋아요. 멥쌀가루가 없다면 찹쌀가루 50g를 더 사용하세요. 반죽의 농도는 너무 되직하지 않게, 물엿과 비슷한 정도의 농도로만 맞추면 됩니다.

두부피자

READY

두부 1모, 비엔나 소시지 8개, 브로콜리 약간, 옥수수콘 3큰술, 양파 1/4개, 시판용 토마토소스 6큰술, 피자 치즈 1컵, 오일 · 소금 · 후추 약간씩

HOW TO MAKE

1 두부는 1cm 두께로 납작하게 편 썰고, 위에 소금을 살짝 뿌린다.
2 오일을 두른 팬에서 노릇해질 때까지 앞뒤로 굽는다.
3 비엔나 소시지는 링으로 썰고, 브로콜리와 양파는 입자감이 살도록 다진다.
4 2의 두부 위에 토마토소스를 넓게 펴 바른 다음, 3의 재료와 옥수수콘, 피자 치즈를 올린다.
5 180℃ 오븐에서 8분간 구워 낸다.

COOK TIP 오븐이 없을 경우에는 전자레인지를 이용해도 좋습니다. 또 입맛에 맞게 김치 혹은 다른 재료를 송송 썰어 얹어도 맛있답니다.

두부오코노미야끼

두부치즈롤

두부주먹밥

두부고로케

두부치즈롤

 READY

두부 1/2모, 대구포 100g, 날치알 3큰술, 슬라이스 치즈 2장, 달걀 1개, 밀가루 3큰술, 빵가루 1컵, 오일 1컵, 소금 · 후추 약간씩

HOW TO MAKE

1 두부는 칼등으로 곱게 으깬 후 면보로 감싸 물기를 꼭 짜고, 대구포는 곱게 다진다.
2 두부, 대구포에 날치알을 넣고 소금, 후추로 간하여 섞은 후 빵가루로 농도를 맞춘다.
3 김발 위에 비닐랩을 깔고 2와 1cm 두께로 자른 슬라이스 치즈를 올려 돌돌 만다.
4 3에 밀가루, 달걀물, 빵가루 순으로 옷을 입힌다.
5 오일에서 바삭바삭하게 튀겨낸 후 식으면 알맞은 크기로 잘라 낸다.

COOK TIP 슬라이스 치즈 대신 피자치즈를 사용해도 좋아요. 두부 치즈롤은 튀기기 편하도록 너무 길지 않게, 10cm 정도로 말아주세요.

두부오코노미야끼

READY

두부 1/4모, 양배추 3장, 칵테일 새우 10마리, 오일 · 마요네즈 · 시판용 돈까스 소스 · 가츠오부시 · 파슬리 가루 약간씩
반죽 부침가루 1컵, 물 1컵, 소금 약간

HOW TO MAKE

1 두부는 칼등으로 곱게 으깨고, 양배추는 곱게 채 썬다.
2 으깬 두부에 부침가루, 소금, 물을 넣어 반죽한다.
3 오일을 두른 팬에 2의 반죽과 채 썬 양배추, 새우, 반죽 순으로 올린다.
4 앞뒤를 노릇하게 구운 후 마요네즈와 돈까스 소스를 뿌린다.
5 마지막으로 가츠오부시와 파슬리 가루를 풍성하게 올려 낸다.

COOK TIP **시판용 돈까스 소스가 없다면?**
몇 가지 재료로 만들어볼 수 있어요.
[케찹 · 우스터 소스 2큰술씩 + 물엿 · 간장 1큰술씩 + 설탕 1½큰술 + 타바스코 · 맛술 1작은술씩]
위의 재료를 섞은 다음, 한번 끓여서 돈까스 소스 대신 사용해보세요. 색다른 맛을 경험할 수 있답니다.

두부고로케

READY

두부 1/2모, 새우 중하 5마리, 다진 양파 · 다진 당근 · 다진 피망 3큰술씩, 달걀물 1개 분량, 밀가루 1/3컵, 빵가루 1컵, 오일 1컵, 소금 · 후추 약간씩

HOW TO MAKE

1 두부는 칼등으로 으깬 후 물기를 제거한다.
2 새우는 데쳐서 곱게 다지고, 양파, 당근, 피망은 오일에 살짝 볶아낸다.
3 으깬 두부에 2의 재료를 넣고 소금과 후추로 간을 한 후, 빵가루로 농도를 맞춰 동그랗게 빚어준다.
4 밀가루, 달걀물, 빵가루 순으로 옷을 입힌 후 오일에서 노릇하게 튀겨 낸다.

COOK TIP 새우 대신 소고기나 햄, 참치 등을 넣어 만들어도 맛있답니다.

두부주먹밥

READY

두부 1/4모, 당근 1개(길이 3cm), 밥 1공기, 후리가케 2큰술, 참기름 1큰술, 소금 · 통깨 약간씩

HOW TO MAKE

1 두부는 입자감이 살도록 으깨고 당근은 곱게 다진다.
2 오일을 두른 팬에 으깬 두부와 당근을 넣고 소금으로 간해 각각 볶는다.
3 2의 재료에 밥과 후리가케를 넣고 소금, 참기름, 통깨로 간한다.
4 한입 크기로 동그랗게 모양을 만든다.

COOK TIP 두부는 물기가 없도록 바삭바삭하게 볶아 주세요. 후리가케 대신 김자반을 사용해도 좋습니다.

두부스콘
두부경단
두부꼬마김밥
채식만두

두부경단

 READY

두부 1/4모, 찹쌀가루 1컵, 설탕 2큰술, 호두 · 흑설탕 2큰술, 참깨 2큰술, 소금 약간

HOW TO MAKE

1 두부는 칼등으로 으깨고, 찹쌀가루, 설탕, 소금을 넣어 함께 반죽한다.
2 호두는 곱게 다져둔다.
3 1의 반죽을 조금씩 떼어내 속에 흑설탕과 참깨를 넣고, 경단 모양으로 둥글게 빚는다.
4 끓는 물에 넣어 위로 떠오를 때까지 삶아 건진다.
5 다져둔 호두에 굴려 낸다.

두부스콘

READY

두부 1/4모, 버터 40g, 박력분 170g, 베이킹 파우더 1작은술, 우유 1/4컵, 달걀노른자 · 소금 약간씩

HOW TO MAKE

1 박력분과 베이킹 파우더를 곱게 체친다.
2 여기에 버터를 넣고 칼로 잘게 다진다.
3 두부와 우유를 넣어 한 덩어리가 되도록 반죽한다.
4 반죽은 작은 크기로 빚어 팬 위에 올린다.
5 달걀 노른자를 반죽 표면에 바르고 180℃ 오븐에서 20~25분간 굽는다.

채식만두

READY

두부 1/2모, 호박 1/4개, 표고버섯 5개, 당근 1/4개, 참기름 2큰술, 만두피 적당히, 소금 · 후추 약간씩

HOW TO MAKE

1 두부는 칼등으로 입자감이 살도록 으깬 후 물기를 짠다.
2 호박과 표고버섯은 채 썰고, 당근은 곱게 다져 각각 약간의 소금으로 간하여 가볍게 볶는다.
3 두부, 호박, 표고버섯, 당근을 소금 · 후추로 간하여 버무린다.
4 위의 재료를 만두피에 넣어 모양을 잡은 후 찌거나 삶아 낸다.

두부꼬마김밥

READY

두부 1/4모, 밥 1½공기, 구운 김 2장, 배추 김치 2장, 오이 1/4개, 당근 1/2개, 참기름 2큰술, 참깨 1큰술, 오일 · 소금 약간씩

HOW TO MAKE

1 두부는 길쭉하고 얇게 썰어 오일을 두른 팬에 노릇하게 구운 뒤, 소금으로 간한다.
2 가볍게 씻은 김치와 오이는 곱게 채 썬다.
3 당근은 채 썰어 오일을 두른 팬에서 소금 간하여 가볍게 볶는다.
4 따뜻한 밥에 참기름, 참깨, 소금을 넣고 버무린다.
5 김을 2등분하고 위의 재료들을 모두 넣어 돌돌 말아 한 입 크기로 자른다.

Easy
Cooking

협찬사	마마스코티지 070-8281-5909 www.mamascottage.com
	무겐몰 02-706-0350 www.mugenmall.com
	호시노앤쿠키스 031-266-8895 www.hosino.co.kr
	토랑 070-4135-5778 www.e-torang.co.kr
요리 어시스트	문재윤, 오지연, 이현경, 권도연

냉장고 속 재료 활용 교과서

이지 쿠킹 두부

초판 1쇄 발행 2014년 3월 17일

지은이 용동희
펴낸이 김영조
편집 김민정
마케팅 김종문
경영지원 정은진
디자인 design group ALL
촬영 이과용
스타일링 용동희
펴낸곳 싸이프레스
주소 서울시 마포구 어울마당로3길 5(합정동, 영광빌딩 201호)
전화 02-335-0385 **팩스** 02-335-0397
이메일 cypressbook@naver.com
홈페이지 www.cypressbook.co.kr
블로그 blog.naver.com/cypressbook
트위터 @cypressbook
출판등록 2009년 11월 3일 제2010-000105호

ISBN 978-89-97125-42-5 13590

· 책값은 뒤표지에 있습니다.

· 파본은 구입하신 곳에서 교환해 드립니다.

이 도서의 국립중앙도서관 출판시도서목록(CIP)은 e-CIP홈페이지(http://www.
nl.go.kr/cip.php)와 국가자료공동목록시스템(http://www.nl.go.kr/kolisnet)에서
이용하실 수 있습니다. (CIP 제어번호 : 2014007949)